今すぐ使えるかんたん

JN041307

InDesign
やさしい入門

Imasugu Tsukaeru Kantan Series
InDesign Yasashii-Nyumon

Windows & Mac 対応

技術評論社

本書をお読みになる前に

● 本書に記載された内容は、情報の提供のみを目的としています。したがって、本書を用いた運用は、必ずお客様自身の責任と判断によって行ってください。ソフトウェアの操作や掲載されているプログラム等の実行結果など、これらの運用の結果について、技術評論社および著者、サービス提供者はいかなる責任も負いません。

● 本書記載の情報は、2023年7月現在のものを掲載しています。ご利用時には変更されている場合もあります。ソフトウェア等はバージョンアップされる場合があり、本書での説明とは機能内容や画面図などが異なってしまうこともあり得ます。本書ご購入の前に、必ずバージョン番号をご確認ください。

● 本書の内容は、以下の環境で動作を検証しています。

Adobe InDesign 2023（バージョン18.4）

Adobe Bridge 2023（バージョン13.0.3.693）

Adobe Acrobat Pro（バージョン2023.003.20244）

Windows 10 Enterprise（バージョン21H2）

macOS Ventura（バージョン13.4）

※本書の画面は、Windows版のInDesign 2023を使用しています。また、[初期設定（クラシック）] ワークスペースで操作解説を行っています（31ページ参照）。

● 本文中では、「Adobe InDesign」を「InDesign」と表記しています。

● ショートカットキーの表記は、Windows版InDesignのものを記載しています。macOS版InDesignで異なるキーを使用する場合は、（）内に補足で記載しています。

以上の注意事項をご承諾いただいたうえで、本書をご利用願います。これらの注意事項をお読みいただかずにお問い合わせいただいても、技術評論社および著者、サービス提供者は対処しかねます。あらかじめ、ご承知おきください。

はじめに

私は、みなさんがこれから学習するInDesignをはじめとしたAdobe製品の研修講師をしています。これまでたくさんの受講者の方々にお会いしてきました。InDesignを使えるようになりたい動機は、人それぞれです。InDesignは、多彩な機能を備えていて、さまざまな表現ができる、使っていて楽しい魅力的なソフトです。InDesignが使えるようになると、雑誌や書籍、カタログなどの冊子印刷物をはじめ、ポートフォリオや同人誌などを作成できるようになります。

InDesignは、デザインの現場でスタンダードソフトとして使われていて、以前は"デザイナーが使う専門性が高いソフト"という印象が強かったですが、今は、デザインの現場に限らず、仕事や趣味などで個人が自由に使える機会が増え、敷居が下がってきたように思います。

そんな中、私は、InDesignを使えるようになりたいたくさんの人達にとって、InDesignを「楽しく便利で身近なものに」感じていただけるように、日々、勉強・研究を重ねております。

本書は、これからInDesignをはじめる入門者に向けて、今すぐ使えそうな基本かつ定番機能を、できるだけ「かんたん」にまとめたものです。基礎編から読み進めて学習してもよいですし、実践編で興味を持ったテーマを制作しながら学習してもよいでしょう。手を動かしながら慣れることが大切です。慣れてきたら、ご自身の作品制作にもチャレンジして、ぜひ成果を実感してください。

本書がみなさんのInDesignの学習において、お役に立てば嬉しいです。みなさんにとって、InDesignが楽しく便利で身近なものになりますように。

2023年7月　まきの ゆみ

本書の使い方

本書は、InDesignの使い方を解説した書籍です。

本書の各セクションでは、画面を使った操作の手順を追うだけで、

InDesignの各機能の使い方がわかるようになっています。

操作の流れに番号を付けて示すことで、操作手順を追いやすくしてあります。

具体的な操作内容の
見出しです。

大きな画面で
該当箇所がよくわかります。

番号付きの記述で
操作の順番が一目瞭然です。

注釈が必要な場合や便利な操作は
解説として説明しています。

サンプルファイルのダウンロード

本書で使用しているサンプルファイルは、以下のURLのサポートページからChapterごとにダウンロードすることができます。ファイルは圧縮されているので、展開してから使用してください。

`https://gihyo.jp/book/2023/978-4-297-13629-1/support`

サンプルファイルの特徴

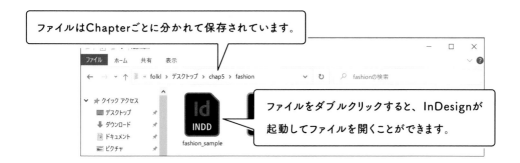

ファイルはChapterごとに分かれて保存されています。

ファイルをダブルクリックすると、InDesignが起動してファイルを開くことができます。

フォントに関するダイアログの対応

サンプルファイルで使用しているフォントがお使いのパソコンにない状態でサンプルファイルを開くと、[環境にないフォント]ダイアログボックスが表示されます。Adobe Fontsの場合は[アクティベート]もしくは[Adobe Fontsを利用する]をクリックすると、フォントがアクティベートされ、使用できるようになります。なお、Adobe Fontsのアクティベートは、70ページや236ペー

ジの方法でも行えます。下記のフォントを検索して、事前にすべてアクティベートしておくと、作業がスムーズに進みます。

Adobe Fontsではない場合は[フォントを置換]をクリックして、[フォントの検索と置換]ダイアログボックスを表示します。270ページの手順②以降を参考に、使用できるフォントに置き換えましょう。

●**本書で使用するAdobe Fontsの和文フォント**
・小塚明朝 Pr6N R、B
・小塚ゴシックPr6N M、B
・A-OTF UD 新ゴ Pr6N L
・游明朝体 Pr6N R

●**本書で使用するAdobe Fontsの欧文フォント**
・Futura PT Light

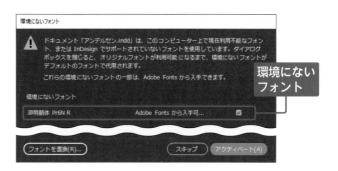

環境にないフォント

📖 目次

基礎編

Chapter 1 DTPの基礎知識

Chapter 2 InDesignの基本操作を身に付けよう

Chapter 3 テキストの基本操作を身に付けよう

Chapter 4 オブジェクトの基本操作を身に付けよう

Chapter 5 ファッション誌を作成しよう

Chapter 6 レシピブックを作成しよう

Chapter 7 旅行情報誌を作成しよう

Chapter 8 文芸書を作成しよう

Chapter 9 入稿データを作成しよう

Chapter 10 InDesignの便利な機能を知ろう

Chapter

1

基礎編

DTPの基礎知識

ここでは、DTP（Desktop Publishing）や冊子印刷物の構造、文字組版について確認しましょう。冊子印刷物とは、雑誌や書籍、カタログなど、複数のページで構成される印刷物です。ページの構造を理解しておくと、InDesignでデータを作成する際に効率的に作業ができます。

この章で学ぶこと

冊子印刷物の構造や
文字組版について確認しよう

InDesignはDTPで使用されるページレイアウトソフト

InDesignは、Adobe（アドビ）が開発したページレイアウトソフトです。ページの管理にすぐれていて、ノンブル（ページ番号）や目次などの作成機能があり、雑誌や書籍、カタログなどの冊子印刷物を手軽に作成できるのが特徴です。また、文字組みの機能が充実しており、美しい文字組版ができます。

IllustratorやPhotoshop、Acrobatなど、ほかのAdobeのソフトとの連携も取りやすく、これらと組み合わせて効率よくデザインを行うことができます。
本書では、Chapter 1〜4の基礎編で基本操作を確認した後、Chapter 5〜8の実践編で以下の4つの制作物を作成しながら、さまざまな機能について学習します。

本書で作成する制作物

ファッション誌

レシピブック

旅行情報誌

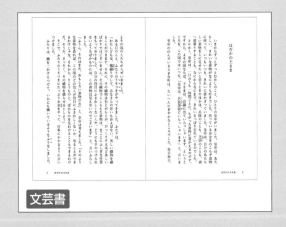

文芸書

冊子印刷物の構造や文字組版について理解する

雑誌や書籍などの、ページを構成する要素の名称と役割を知ることは、InDesignでの作業時に出てくる各種設定にも役立ちます。また、本文のページ以外に、外装に関する要素についての理解も大切です。

文字組版を得意とするInDesignにおいて、組版用語の理解は欠かせません。和文文字と欧文文字の構造の違いや、字送りと字間、行送りと行間などのしくみの理解は、InDesignで字間調整をする際に役立ちます。

📖 書籍の構造、和文文字と欧文文字の構造

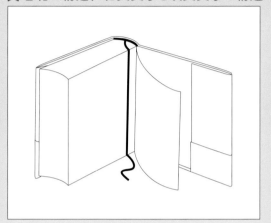

作業前に確認したい環境設定やカラー設定

InDesignのさまざまな設定は、環境設定により決まります。多くの設定が用意されていますが、まずは基本となる単位の設定を確認しましょう。また、カラー設定では

カラーマネジメントを行うことができ、モニタやプリンターなど異なるデバイス間で、カラーの一貫性を保つことができます。

📖 環境設定とカラー設定

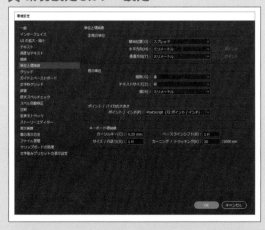

InDesignでできることを知ろう

InDesignは、冊子印刷物を作成するページレイアウトソフトです。
ここでは、InDesignで何ができるのかを確認しましょう。

InDesignとは

InDesignは、Adobe（アドビ）が開発したページレイアウトソフトで、主に冊子印刷物を作成するエディトリアルデザイン分野で利用されています。同じく印刷物の作成で利用されるIllustratorとの違いは、ページの管理にすぐれていて、ノンブル（ページ番号）や目次などの作成機能があり、雑誌や書籍、カタログなどの冊子印刷物を手軽に作成できる点です。また、文字組みの機能が充実しており、美しい文字組版ができます。

IllustratorやPhotoshop、Acrobatなど、ほかのAdobeのソフトとの連携も取りやすく、これらと組み合わせて効率よくデザインを行うことができます。また、ビジネスだけでなく、InDesignを使用している個人ユーザーも増えており、ポートフォリオや同人誌の作成などでも幅広く利用されています。

さまざまなツールやパネルが用意されており、冊子印刷物を手軽に作成できる

ページの管理ができる

InDesignには、ページを管理する[ページ]パネルがあり、冊子印刷物を構成するページを効率よく管理できます。InDesignで扱うページには、共通するオブジェクトをレイアウトする親ページと、固有のレイアウトを行うドキュメントページがあります。親ページとリンクしたド

キュメントページには、親ページにあるオブジェクトがコピーされます。親ページを修正すると、リンクされたドキュメントページも更新されます。親ページには、ノンブル（ページ番号）や柱（セクション）などを作成します。

親ページ（56ページ参照）　　　　親ページにリンクしたドキュメントページ（57ページ参照）

美しい文字組みができる

InDesignは、文字組みの機能が充実しており、美しい文字組みができます。字間調整や文字組みアキ量設定、禁則処理のほか、縦中横や縦組み中の欧文回転、ルビや圏点

など、文字組みに関する機能が豊富に用意されています。文字や段落の設定は、コントロールパネルや[文字]パネル、[段落]パネルで行います。

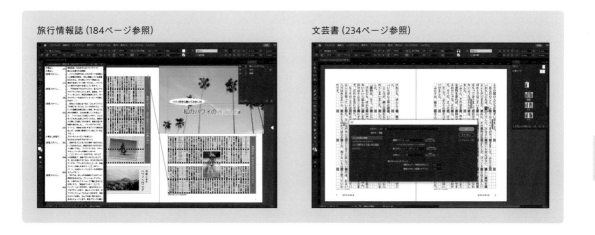

旅行情報誌（184ページ参照）　　　　文芸書（234ページ参照）

DTPについて知ろう

DTPとは、Desktop Publishingのことで、パソコンで印刷物を作るしくみのことです。
デザインの現場では、InDesignとIllustratorやPhotoshopなどのソフトを組み合わせて作業します。

DTPとは

DTPとは、Desktop Publishingのことで、パソコンで印刷物を作るしくみのことです。主なDTPのワークフロー（作業工程）では、InDesignとIllustratorやPhotoshopなどのソフトを組み合わせて作業します。
Illustratorでは、ロゴやイラストなどの図版を作成し、Photoshopでは、写真画像を補正したり合成したりして、素材として用意します。そのほかに、テキストエディタやMicrosoft Wordでテキストを用意します。InDesignでは、これらの素材をレイアウトして、冊子印刷物を作成します。InDesignはIllustratorやPhotoshopと連携が取りやすく、効率的に作業できます。修正は、InDesignの［リンク］パネルから、IllustratorやPhotoshopで作成した素材画像にかんたんにアクセスして行えます。修正すると、InDesignで作成したドキュメントも更新されます。

IllustratorやPhotoshopを使って用意した素材を、InDesignでレイアウトして冊子印刷物に仕上げる

完成したデータを出力する

InDesignで作成したドキュメントは、紙に印刷して出力できます（64ページ参照）。また、確認用や入稿用としてPDFファイルに出力することもできます（61ページ参照）。PDFファイルであれば、InDesignを持っていない人もデータを開いて確認することが可能です。また、

PDFファイルによる入稿を受け付けている印刷業者もあります。PDFファイルで入稿すると、テキストのアウトライン作成やリンク画像の収集が不要で、文字化けやリンク切れのトラブルを回避でき、ファイルサイズもコンパクトになるため、入稿効率が上がります。

プリント時にトンボやカラーバーなどの設定ができる

PDFファイルはコンパクトに扱える

Creative CloudアプリでDTP環境を整える

InDesignやIllustrator、Photoshop、Bridgeなどのソフトは、Creative Cloud Desktopアプリ（Creative Cloud アプリ）からインストールできます。また、ファイルや

Adobe Fonts（70ページ参照）の管理もでき、相互の連携を取りながら効率的に作業できます。

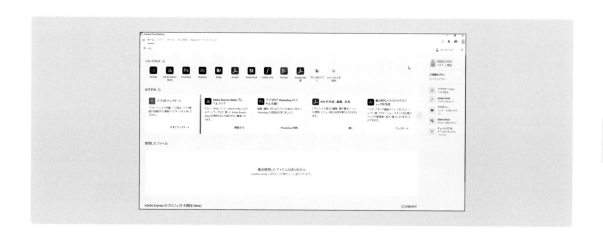

冊子印刷物について知ろう

雑誌や書籍、カタログなど、複数のページで構成される印刷物を、冊子印刷物といいます。
ここでは、冊子印刷物の構造について確認しましょう。

ページを構成する要素

誌面の仕上がりサイズ（判型）内には、基本的なレイアウト領域になる版面（はんづら）とマージン（余白）があります。版面には文字や写真・イラストなどの画像を配置し、ノンブルや柱（セクション）などはマージンに配置します。
版面に配置する文字要素には、タイトル、サブタイトル、リード、見出し、本文、キャプションなどがあります。マージンは、天・地・ノド・小口の4箇所に設定できます。
InDesignのレイアウトグリッドの機能を使って、本文を基準として組版計算をし、誌面設計をすることができます。その際、段（コラム）や段間、一行あたりの文字数（字詰）や一段あたりの行数（行詰）などを考慮して設計するため、これらの用語を理解しておくことが大切です。

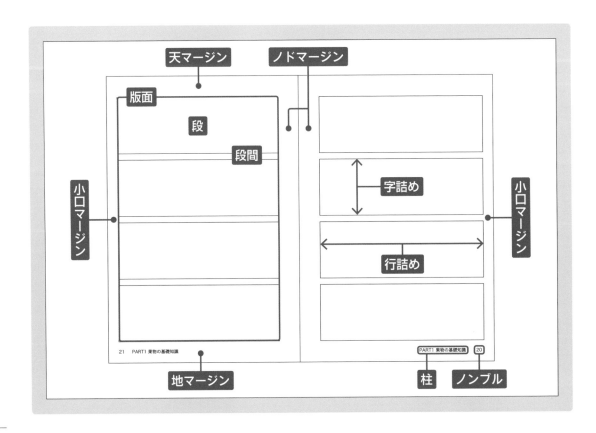

綴じ方と組み方向の関係

冊子印刷物の綴じ方は、文字の組み方向と関係しています。一般的に、横組み誌面の冊子は左綴じで、左にページをめくる構造、縦組み誌面もしくは横組みと縦組みが混在する誌面の冊子は右綴じで、右にページをめくる構造です。綴じ方は [新規ドキュメント] ダイアログボックスで設定できます。制作物に応じて設定しましょう。

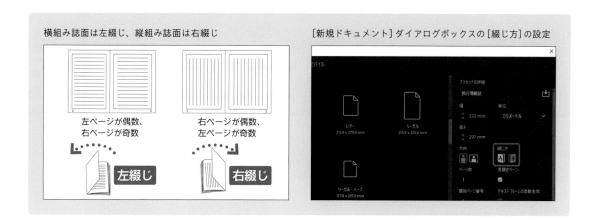

横組み誌面は左綴じ、縦組み誌面は右綴じ

左ページが偶数、
右ページが奇数

左綴じ

右ページが偶数、
左ページが奇数

右綴じ

[新規ドキュメント] ダイアログボックスの [綴じ方] の設定

冊子印刷物の構造

雑誌や書籍などには、本文のページ以外に、外装に関する要素があります。これらの名称と役割を知ることは、InDesignでの作業時の設定にも役立ちます。また、冊子印刷物には、図鑑や辞典などで使用される上製本（ハードカバー）や、雑誌や文庫本などで使用される並製本といった製本方法があります。ページ数が多い冊子は、背に切り込みを入れて糊でとめる網代綴じや、背を平らに削り糊でとめる無線綴じで綴じます。もっとも簡易的なのは、背をホッチキスでとめる中綴じになり、ページ数が少ない週刊誌やパンフレットなどで使用されます。

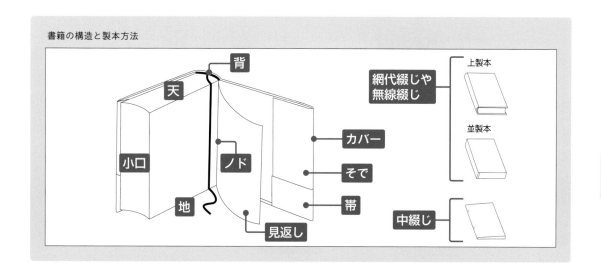

書籍の構造と製本方法

背
天
小口
ノド
地
見返し

カバー
そで
帯

網代綴じや
無線綴じ — 上製本
並製本

中綴じ

文字組版について知ろう

InDesignの文字組みの機能を効率よく使用するために、
ここでは、文字組版の基本を確認しましょう。

和文文字と欧文文字の構造

和文文字は、仮想ボディという正方形の中にデザインされていて、その中で文字が占める領域を字面（実ボディ）といいます。仮想ボディと字面の間には余白がある設計のため、ベタ組み（字間＝0）で文字を組んでも、文字どうしがぶつかることはありません。

フォントサイズとは、仮想ボディの一辺の長さを指します。しかし、同じフォントサイズでも、フォントにより字面は異なります。明朝体（セリフ体）はゴシック体（サンセリフ体）より小さく見えます。また、仮名（かな・カナ）は漢字より字面が小さいため、仮名まわりはアキが目立ちます。タイトルなどフォントサイズが大きい箇所は目立ちやすいため、字間調整をして整えます（76ページ参照）。

欧文文字は、仮想ボディという概念はなく、文字ごとに異なる文字幅を持ちます。

これらの文字構造の理解は、InDesignで字間調整をする際に役立ちます。

仮想ボディ　フォントサイズとは、仮想ボディの一辺を指す
字面

和文のゴシック体にあたるのが、欧文のサンセリフ体であり、
和文の明朝体にあたるのが、欧文のセリフ体

ゴシック体
相対性理論

明朝体
相対性理論

和文は、仮想ボディという正方形の中にデザインされていて、正方形が並ぶように一定に文字が送られる

アルベルト・アインシュタイン

仮名（かな・カナ）は漢字より字面が小さいため、フォントサイズが大きい場合、仮名まわりのアキが目立つ

サンセリフ体（例：Gill Sans Regular）
Albert Einstein

セリフ体（例：Times New Roman Regular）
Albert Einstein

欧文は、文字ごとに異なる文字幅を持つため、一定に文字が送られない

字送りと字間、行送りと行間

字送りとは、仮想ボディの中央から次の仮想ボディの中央までの距離を指します。それに対し字間は、仮想ボディと次の仮想ボディの間を指します。字間調整をしない場合、字間は0になり、隣接する仮想ボディが隙間なく並んでいる状態になります。このような文字組みをベタ組みといいます。字送りは、フォントサイズと字間を足した値になります。

また、行送りとは、仮想ボディの上から次の仮想ボディの上までの距離を指します（横組みの場合。縦組みの場合は、仮想ボディの右から次の仮想ボディ右までの距離）。それに対し行間は、仮想ボディと次行の仮想ボディの間を指します。行送りは、フォントサイズと行間を足した値になります。

相対性理論

フォントサイズ30Q+字間0H＝字送り30H（ベタ組み）

Q（級）はフォントサイズで、H（歯）は字送りや行送りなどで使用される単位です（23ページ参照）。

相 対 性 理 論

フォントサイズ30Q+字間15H＝字送り45H（二分アキ）

「相対性理論」と名づけられる理論が倚りかかっている大黒柱はいわゆる相対性理論です。私はまず相対性原理とは何であるかを明らかにしておこうと思います。

フォントサイズ13Q+行間9.75H＝行送り22.75H

［行送りの基準位置］の初期設定は、［仮想ボディの上/右］

環境設定を確認しよう

InDesignのさまざまな設定は、環境設定により決まります。
ここでは、環境設定の［単位と増減値］と［コンポーザー］を確認しましょう。

環境設定で［単位と増減値］と［コンポーザー］を確認する

① ドキュメントを開いていない状態で、メニューバーの［編集］（Macでは［InDesign］）をクリックし❶、［環境設定］→［単位と増減値］をクリックします❷。

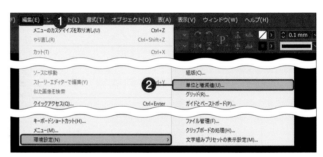

💡 ［編集］（［InDesign］）→［環境設定］→［一般］
Ctrl（command）＋ K

💡 ドキュメントを開いた状態で環境設定を変更すると、その設定はドキュメントに保存されます。このことをドキュメントデフォルトといいます。以降、作成したり開いたりするドキュメントが同じ環境設定とは限らないので、注意が必要です。

② ［環境設定］ダイアログボックスが表示され、左側のリストの［単位と増減値］が選択された状態になります。ここでは、文字関連の単位を確認します。［他の単位］の［組版］は字送りや行送りなどで使用される単位（初期設定は歯：H）、［テキストサイズ］はフォントサイズで使用される単位（初期設定は級：Q）、［線］は線の設定で使用される単位（初期設定はミリメートル：㎜）です。

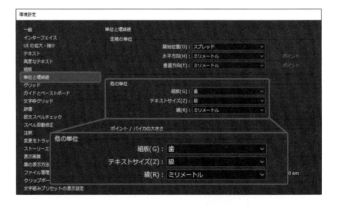

③ ［キーボード増減値］の［カーソルキー］は、矢印キー←→↑↓を1回押したときの移動値です（初期設定は0.25㎜）。

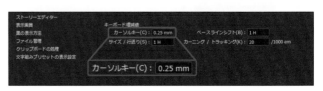

④ ［キーボード増減値］の［ベースラインシフト］（初期設定は1H）、［サイズ/行送り］（初期設定は1H）、［カーニング/トラッキング］（初期設定は20）は、それぞれショートカットを1回使って調整する際の増減値です。

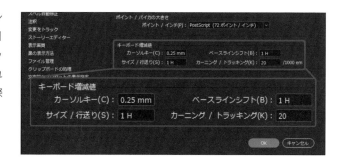

⑤ ［高度なテキスト］の［デフォルトのコンポーザー］の［コンポーザー］で［Adobe日本語単数行コンポーザー］にします。コンポーザーは、どこで改行するかを決める設定です。［Adobe日本語段落コンポーザー］は、文字が追加・削除された場合、より最適な文字組みにするため、段落単位で文字組みを再検討し、修正箇所よりも前の行の文字組みが変わる場合があります。本書では、行単位で文字組みを再検討する［Adobe日本語単数行コンポーザー］にします❶。［OK］をクリックし❷、ダイアログボックスを閉じます。

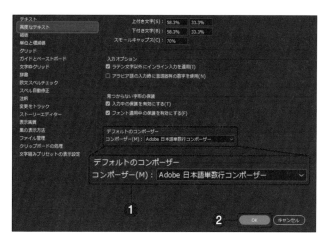

⑥ 設定を確認できました。ドキュメントを開いていない状態で設定すると、InDesignの初期設定になります。このことをアプリケーションデフォルトといいます。以降、新規ドキュメントを作成すると、同じ設定が継続して適用されます。

組版計算がしやすい初期設定の単位

初期設定では、文字関連の単位は、組版計算がしやすい単位になっています。［組版］の［歯：H］および［テキストサイズ］の［級：Q］は、1H＝IQ＝0.25mmに換算できます。たとえば、フォントサイズ10Qの文字を10文字ベタ組み（20ページ参照）した行長を割り出す場合、［0.25mm×10Q×10文字＝25mm］とかんたんに計算することができます。組版計算を必要とする誌面作成においてとても便利ですが、組版計算をしない場合や、Illustratorなどほかのソフトで［ポイント：pt］を使い慣れている場合は、使いやすい単位に変更して作業してもよいでしょう。

10Qの文字が10文字の行長は25mm

カラー設定を確認しよう

カラーマネジメントにより、パソコンのモニタやプリンターなど異なるデバイス間で、カラーの
一貫性を保つことができます。ここでは、Bridgeを使ったカラー設定について確認します。

Bridgeでカラー設定を変更する

① メニューバーの [ファイル] をクリックし❶、[Bridgeで参照] をクリックします❷。

[ファイル] → [Bridgeで参照]

Ctrl（command）＋ Alt（option）＋ O

② Bridgeが起動します。ここでは、メニューバーの [編集] をクリックし❶、[カラー設定] をクリックします❷。

Bridgeは、ファイルを管理するソフトで、Adobeのソフト間の連携作業において便利に活用できます。本セクションの作業をするには、あらかじめBridgeをインストールしておく必要があります。また、Bridgeを直接起動しても、手順②以降の作業を同様にできます。

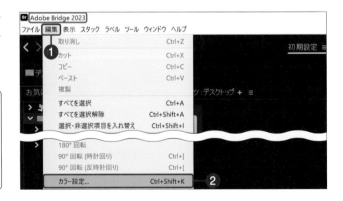

カラーマネジメント

カラーマネジメントとは、モニタ、プリンターなど、デバイス間のカラーの相違を調整することです。各デバイスは、再現できるカラーの範囲が決まっています。そのため、デバイスによって出力結果が異なり、カラーの見え方が変わります。それを回避するため、カラーマネジメントでは、カラープロファイルという情報を利用して、カラーを変換し正確に表示します。Adobeのソフトでは、[カラー設定] で適切なカラープロファイルを設定し、カラーマネジメントを行います。

③ ［カラー設定］ダイアログボックスが表示されます。データを入稿する印刷会社からとくに設定の指示がない場合は、印刷目的の使用で推奨されている［プリプレス用-日本2］を選択します❶。［適用］をクリックします❷。

④ Creative Cloud アプリ間でカラー設定が同期されました。× をクリックして❶、ダイアログボックスを閉じます。

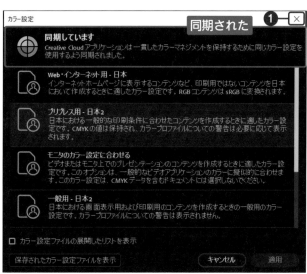

InDesignでカラー設定を変更する

InDesignでカラー設定を変更することもできます。メニューバーの［編集］をクリックし❶、［カラー設定］をクリックします❷。この方法だと、ほかのソフトとカラー設定を同期することはできず、ソフトごとに設定が必要になるため、手間がかかってしまいます。そのため、Bridgeでカラー設定を変更することをおすすめします。

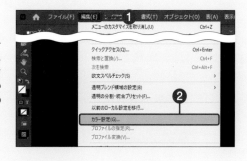

Adobe Creative Cloud

Creative Cloud Desktop アプリ（Creative Cloud アプリ）を使うと、アプリやファイル、フォント（Adobe Fonts、70ページ参照）やストック素材（Adobe Stock、286ページ参照）、アカウントなどの管理が容易にできます。Creative Cloud Desktop アプリは、Adobeのサイトからダウンロードできます。まず最初に入手しておくとよいでしょう。なお、InDesignをインストールしていれば、Creative Cloud Desktop アプリもあわせてインストールされています。

■ [ホーム] タブ

■ [アプリ] タブ

Chapter

2

InDesignの基本
操作を身に付けよう

ここでは、InDesignの基本操作を確認しましょう。画面構成、ドキュメントやページの操作、操作の取り消し・やり直し方法をきちんと身に付けることで、今後の作業が効率化します。

この章で学ぶこと

ドキュメントやページの操作などの基本操作を身に付けよう

InDesignの画面構成を確認する

InDesignを起動して、画面構成を確認しましょう。これからさまざまな機能を学んでいくにあたり、画面構成と各部の名称・役割を事前に理解しておくと、今後の作業を効率的に進めることができます。

InDesignの画面は、メニュー、コントロールパネル、ツールパネル、パネルで構成されています。このような画面構成のことをワークスペースといいます（30ページ参照）。本書では、［初期設定（クラシック）］ワークスペースで解説しています。

ワークスペースは、メニュー、コントロールパネル、ツールパネル、パネルで構成されている

メニュー　　　　　　　コントロールパネル

ツールパネル　　　　　　　パネル

ページの管理を行う［ページ］パネル

InDesignは、ページ管理にすぐれています。ページやスプレッド（見開き）の管理は、［初期設定（クラシック）］ワークスペースでは、画面右側の［ページ］パネルで行います。

ページには、雛形となる親ページと、個別にレイアウトを行えるドキュメントページがあります。親ページに、ノンブルや柱（セクション）（18ページ参照）など複数のページで共通して使用するオブジェクトを配置することで、親ページとリンクしたページに自動的にコピーされるしくみになっています。また、修正があった場合、親ページを編集すれば、リンクしているページの共通箇所も修正されるため、作業時間の短縮につながります。

なお、親ページに配置したオブジェクト（親ページアイテム）は、最下部（最背面）になります。ほかのオブジェクトに隠れることを避けるには、オブジェクトを配置する際に、最上部のレイヤー（最前面）で作業するとよいでしょう。

📄 親ページとリンクしているページは親ページの内容が反映される

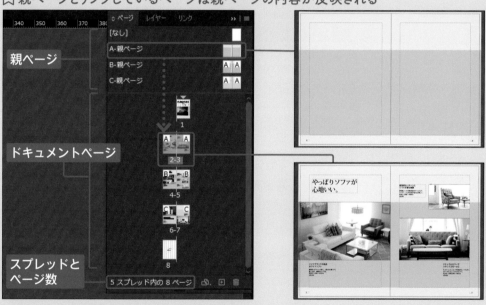

親ページ

ドキュメントページ

スプレッドと
ページ数

操作は取り消したりやり直したりできる

InDesignで作業する際、操作を誤ることもあるでしょう。操作は取り消したり（Ctrl（command）+Z）、やり直したり（Ctrl（command）+Shift+Z）できるため、安心して作業に取り組むことができます。失敗を恐れずに、ぜひさまざまな機能を使って、作品制作にチャレンジしてみましょう。

📄 操作の取り消しとやり直しができる

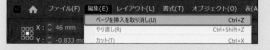

InDesignの画面構成

InDesignでファイルを表示したときのワークスペース（画面構成）について確認し、各部の名称と
役割を覚えましょう。ワークスペースは、リセットして整えたり、切り替えたりできます。

InDesignのワークスペース（画面構成）

❶メニュー	ファイルを開く、InDesignを終了するなど、さまざまなコマンド（命令）を実行します。Macでは、InDesignの画面外のメニューバーにメニューが表示されます
❷コントロールパネル	選択したオブジェクトを編集する機能がまとめられています
❸ツールパネル	作業をする際に使用するツール（道具）が格納されています
❹パネル	ページやレイヤー、テキストなどを編集するための目的別の機能がまとめられたウィンドウです
❺ドック	パネルをアイコン形式で格納したものです
❻ドキュメントタブ	ファイル名や表示倍率が表示されます。複数のファイルを開いている場合、クリックして、表示するファイルを切り替えることができます
❼裁ち落としガイド	商業印刷物を作成する際、裁ち落とし（37ページ参照）を付ける位置を示す赤いガイドです
❽ライブプリフライト	ドキュメントのエラーを検出します。エラーがある場合は、赤い丸が表示されます

ワークスペースをリセットする

① さまざまな作業をするうちに、パネルは乱雑になりがちです。そのようなときは、ワークスペースのリセットが便利です。メニューバーの［ウィンドウ］をクリックし**①**、［ワークスペース］→［○○をリセット］をクリックします**②**。ここでは、事前に［初期設定（クラシック）］ワークスペースを設定していたので、［初期設定（クラシック）をリセット］をクリックします。

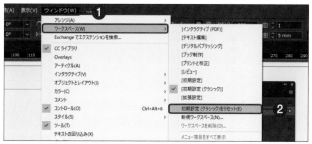

② ワークスペースがリセットされ、乱雑になったパネルが整いました。

✏️ **本書では［初期設定（クラシック）］ワークスペースで解説しています**

ワークスペースとは、パネルやウインドウなどで構成される画面構成のことで、目的別にさまざまなワークスペースに切り替えることができます。本書では、［初期設定（クラシック）］ワークスペースで解説していますが、別のワークスペースに切り替えて、パネルの並びがどのように変わるか見てみましょう。

ツールパネルを操作しよう

ツールパネルは、作業で使用するさまざまなツール（道具）が格納された道具箱のようなものです。
ツールの切り替えは頻繁に行うので、目的のツールを効率よく探して使えるようになりましょう。

ツールパネルの各部名称と基本操作

画面左側に表示されるツールパネルには、作業で
使用するさまざまなツールが豊富に用意されてい
ます。役割別に以下の4つに分かれているので、
目的のツールを探す際の目安にしましょう。

❶ 選択系　❷ 文字・描画系
❸ 変形系　❹ 修正・画面表示系

ツールパネルの ≫ をクリックすると❶、一列表
示と二列表示を切り替えることができます。
また、アイコンの右下に ◢ があるツールを長押
しすると❷、後ろに隠れているほかのツールが
表示されます。

> ツールアイコンを、Alt（option）を押しな
> がらクリックすると、隠れているツールに順次
> 切り替えることができます。

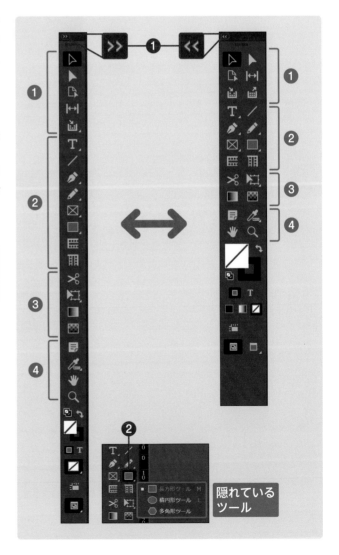

隠れている
ツール

ツール一覧

❶ 選択系のツール

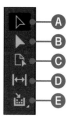

グループ	ツール名	役割
Ⓐ	選択	オブジェクト全体を選択します
Ⓑ	ダイレクト選択	オブジェクトのアンカーポイント（90ページ参照）やセグメント（90ページ参照）を選択します
Ⓒ	ページ	ページを選択して編集します
Ⓓ	間隔	オブジェクトの間隔を調整します
Ⓔ	コンテンツ収集	複数回使用するオブジェクトを収集します。 収集したオブジェクトは親オブジェクトになり、配置する子オブジェクトとリンクします
	コンテンツ配置	複数回使用するオブジェクトを配置します。 親オブジェクトを修正すると、配置した子オブジェクトも更新されます

❷ 文字・描画系のツール

💡 パスとは、点（アンカーポイント）と線（セグメント）で構成されている集まりのことを指します。パスには、始点と終点が異なる位置にあるオープンパスと、始点と終点が同じ位置にあるクローズパスの2種類があります。

グループ	ツール名	役割
Ⓐ	横組み文字	横書きの文字を入力するテキストフレームを作成・編集します
	縦組み文字	縦書きの文字を入力するテキストフレームを作成・編集します
	横組みパス	パスを横書きのテキスト入力用のパスに変換し、そのパスに沿ってテキストを入力・編集します
	縦組みパス	パスを縦書きのテキスト入力用のパスに変換し、そのパスに沿ってテキストを入力・編集します

2

InDesignの基本操作を身に付けよう

基礎編

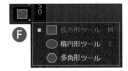

グループ	ツール名	役割
B	線	直線を描画します
C	ペン	直線や曲線を描画します
	アンカーポイントを追加	パスにアンカーポイント (90ページ参照) を追加します
	アンカーポイントの削除	パスからアンカーポイントを削除します
	アンカーポイントの切り替え	アンカーポイントを切り替えます (スムーズポイント⇔コーナーポイント)
D	鉛筆	ドラッグしたストローク (軌跡) のパスを描画します
	スムーズ	パスを滑らかにします
	消しゴム	パスやアンカーポイントを消去します
E	長方形フレーム	長方形のグラフィックフレームを作成します
	楕円形フレーム	楕円形のグラフィックフレームを作成します
	多角形フレーム	多角形のグラフィックフレームを作成します
F	長方形	長方形を描画します
	楕円形	楕円形を描画します
	多角形	多角形を描画します
G	横組みグリッドツール	横書きの文字を入力するフレームグリッドを作成します
H	縦組みグリッドツール	縦書きの文字を入力するフレームグリッドを作成します

 ツールヒントパネル

[ツールヒント] パネルを使うと、選択中のツールの詳細を調べる
ことができます。[ツールヒント] パネルを表示するには、メニュー
バーの [ウィンドウ] をクリックし❶、[ユーティリティ] → [ツー
ルヒント] をクリックします❷。

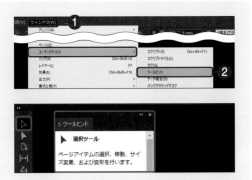

❸ 変形系のツール

グループ	ツール名	役割
Ⓐ	はさみ	クリックしてパスを切断します
Ⓑ	自由変形	オブジェクトを拡大・縮小や回転のほか、ゆがめたり、遠近感を付けたりします
	回転	オブジェクトを回転します
	拡大 / 縮小	オブジェクトを拡大・縮小します
	シアー	オブジェクトを傾けたりゆがめたりします
Ⓒ	グラデーション スウォッチ	オブジェクトにグラデーションを適用します
Ⓓ	グラデーション ぼかし	オブジェクトを背景にフェードします

❹ 修正・画面表示系のツール

グループ	ツール名	役割
Ⓐ	注釈	コメントを追加します
Ⓑ	カラーテーマ	オブジェクトのカラーを抽出し、カラーテーマを作成します
	スポイト	オブジェクトの属性を抽出し、ほかのオブジェクトに適用します
	ものさし	オブジェクトの2点間の距離を測ります
Ⓒ	手のひら	表示位置を移動します
Ⓓ	ズーム	表示倍率を調整します

カラーの設定

カラーボックスには、現在選択されている2つの色が表示されます。□の色がオブジェクトの面に使われる塗り、■の色がオブジェクトの輪郭線に使われる線です。初期状態では塗りはなし、線は黒に設定されています。それぞれのボックスをダブルクリックすると❶、カラーピッカーが表示され、任意のカラーに変更できます。

機能	役割
❶塗り	オブジェクトの面の色を設定します
❷線	オブジェクトの輪郭線の色を設定します
❸塗りと線を入れ替え	塗りと線の色を入れ替えます。Shift+Xでも実行できます
❹初期設定の塗りと線	塗りと線を初期設定に戻します（塗り=なし、線=黒）。Dでも実行できます
❺オブジェクトに適用	適用対象がオブジェクトになります
❻テキストに適用	適用対象がテキストになります
❼カラーを適用	カラーを適用します
❽グラデーションを適用	グラデーションを適用します
❾適用なし	なし（透明）にします。/でも実行できます

表示オプション

[表示オプション]■を長押しすると❶、ドキュメント上に表示されるフレーム枠や定規、ガイドやグリッド、制御文字（168ページ参照）を表示／非表示できます。非表示にするには、目的の項目のチェックを外します。

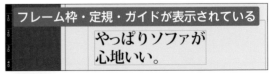

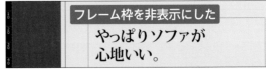

スクリーンモードの切り替え

[スクリーンモードを切り替え] では、画面の表示形式を切り替えることができます（48ページ参照）。ボタンを長押しして❶、任意のモードをクリックすると、画面の見た目が変わります。通常はガイドやフレーム枠が表示される［標準モード］で作業し、［プレビュー］に切り替えて仕上がりを確認します。

💡 裁ち落としとは、印刷時に断裁する領域や、その作業のことを指します。印刷物を制作する際は、裁断によるずれが発生する可能性を踏まえて、必要に応じて天・地・小口に裁ち落としを設定します（51ページ参照）。

機能	役割
❶標準モード	ガイドやフレーム枠などが表示されている初期設定のモードです
❷プレビュー	ガイドやフレーム枠が非表示になり、裁ち落としが裁断されたモードです。仕上がりを確認する際に便利です
❸裁ち落としモード	プレビューモードに裁ち落としが含まれるモードです。裁ち落としを含め、制作物の仕上がりを確認する際に便利です
❹印刷可能領域モード	プレビューモードに印刷可能領域が含まれるモードです。印刷可能領域（52ページ参照）にあるオブジェクトを含め、制作物の仕上がりを確認する際に便利です
❺プレゼンテーション	InDesignの外観が非表示になるモードです。プレゼンテーションをする際に便利です。[Esc]を押すと、標準モードに戻ります

✏️ ［表示］メニューから スクリーンモードを変更する

スクリーンモードは、［表示］メニューから切り替えることも可能です。メニューバーの［表示］をクリックし❶、［スクリーンモード］にマウスポインターを合わせて❷、切り替えたいスクリーンモードをクリックします❸。

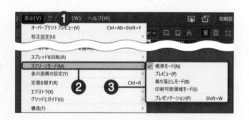

✏️ 表示画質の設定

操作上のパフォーマンスを上げるために、画像は低解像度で表示されます。初期設定では［一般表示］になっています。表示画質を変更するには、メニューバーの［表示］をクリックし❶、［表示画質の設定］にマウスポインターを合わせて❷、切り替えたい表示画質をクリックします❸。［高品質表示］にすると、画質は上がりますが、パフォーマンスは下がります。

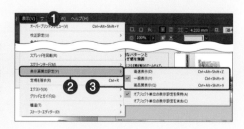

パネルを操作しよう

パネルは、オブジェクトを編集するために目的別の機能がまとめられたウィンドウです。
作業をするうえで頻繁に使用するので、目的のパネルを効率よく利用できるようになりましょう。

パネルの各部名称と基本操作

パネルは、画面の右側に表示される、オブジェクトを編集するために目的別の機能がまとめられたウィンドウです。

いくつかのパネルは、タブでまとめられたパネルグループとなります。さらに、複数のパネルやパネルグループをアイコン表示でまとめたものをドックといいます。このことから、パネルをまとめることを「ドッキング」といいます。

■表示形式の切り替え

表示形式には、アイコン表示とパネル表示の2種類があります。

アイコン表示のときに、パネルの右上の ◀◀ をクリックすると❶、パネル表示に切り替わります。また、パネル表示のときに、パネルの右上の ▶▶ をクリックすると❷、アイコン表示に切り替わります。

■パネルメニューの表示

パネル表示のとき、パネルの右上の ▤ をクリックすると❸、パネルメニューを表示できます。パネルメニューには、パネルに関する設定がリストで表示されます。

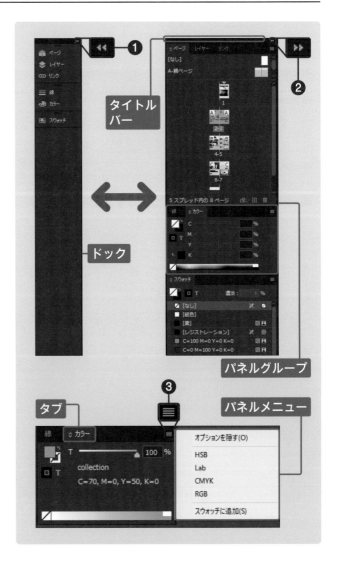

表示されていないパネルを表示する

選択しているワークスペース（30ページ参照）により、表示されるパネルは異なります。使いたいパネルが表示されていない場合は、メニューバーの［ウィンドウ］メニューから表示します。

① メニューバーの［ウィンドウ］をクリックし❶、表示したいパネル名をクリックします❷。

💡 パネル名の左横にチェックが入っているものは、すでに表示されているパネルです。パネルグループの背面にあるパネルや、縮小されてタブのみが表示されているパネル、アイコン表示になっているパネルには、チェックが入っていません。

💡 ［ウィンドウ］メニュー一覧の最下部には、現在開いているドキュメント名が表示されます。複数のドキュメントを開いている場合、ドキュメント名を選択してチェックを入れると、表示するドキュメントに切り替えることができます。

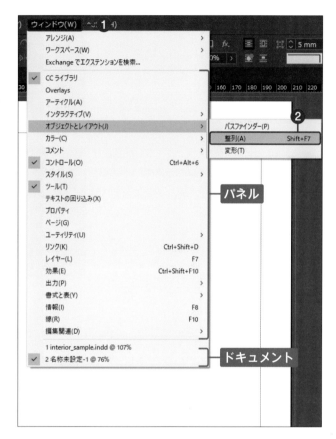

② パネルが表示されました。タイトルバーをドラッグすると❶、パネルを任意の場所に移動できます。■をクリックすると❷、パネルが閉じます。

パネルが表示された

パネルグループのパネルを切り替える

① パネルグループにまとめられたパネルを切り替えるには、タブ（パネルの名称の部分）をクリックします❶。

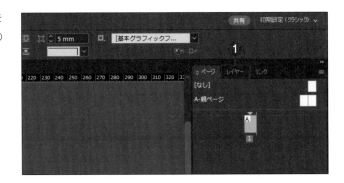

② パネルが切り替わり、クリックしたパネルを利用できるようになります。

パネルの表示が切り替わった

パネルを最小化する

① パネルのタブをダブルクリックします❶。

パネルを最小化すると、作業スペースの節約になります。パネルを閉じるわけではないので、必要に応じてすぐに表示できます。

② タブをダブルクリックするごとに、表示が変わります。ここでは2回繰り返し、タブを最小化しました。

パネルが最小化された

パネルをグループから切り離す（フローティング）

① パネルのタブを、パネルグループの外に向かってドラッグ＆ドロップします ❶。

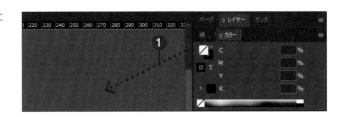

② パネルが切り離されました。タイトルバーをドラッグすると ❶、パネルを任意の場所に移動できます。

パネルが切り離された

パネルをグループにまとめる（ドッキング）

① パネルのタブをドラッグして、任意のパネルグループのタブに合わせ、青くハイライト表示されたら、ドロップします ❶。

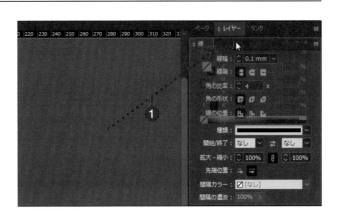

② パネルがグループにまとまりました。

💡 複数のパネルまたはパネルグループの集合がドックで、パネルをまとめることをドッキングといいます。

パネルがまとまった

基礎編

ドキュメントを開こう・閉じよう

ドキュメントを開いたり、閉じたりする操作は、作業をするうえで頻繁に行われる操作です。
効率よく操作できるようになりましょう。

ドキュメントを開く

① メニューバーの[ファイル]をクリックし❶、[開く]をクリックします❷。

💡 [ファイル] → [開く]
Ctrl (command) + O

② [開く]ダイアログボックスが表示されます。目的のドキュメントをクリックし❶、[開く]をクリックします❷。

💡 複数のドキュメントを一度に開く場合は、Ctrl (command)を押しながらファイルをクリックして、複数選択します。

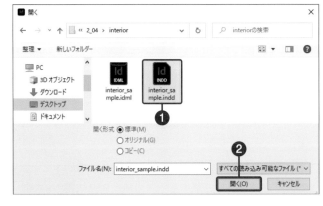

③ ドキュメントが開きました。

💡 ドキュメントを全体表示にしたい場合は、[手のひら]ツールをダブルクリックします(35ページ参照)。

ドキュメントが開いた

ドキュメントを閉じる

① メニューバーの［ファイル］をクリック
し❶、［閉じる］をクリックします❷。

💡 ［ファイル］→［閉じる］
Ctrl（ command ）＋ W

② ドキュメントが閉じました。ドキュメン
トを閉じると、選択したワークスペース
にかかわらず、ホーム画面が表示されま
す。

💡 ドキュメントを閉じる際に、開いている
ファイルを保存するかどうかをたずねるダイア
ログボックスが出る場合があります。必要に応
じて、ドキュメントを保存しましょう（60ペー
ジ参照）。

✏️ ホーム画面に関する設定

初期設定では、ドキュメントを閉じると、選択したワークスペースに
かかわらず、ホーム画面が表示されます。ホーム画面に関する設定は、
メニューバーの［編集］（Macでは［InDesign］）をクリックし、［環境設
定］→［一般］をクリックすると表示される［環境設定］ダイアログボック
スで変更できます。［ドキュメントが開いていないときにホーム画
面を表示］のチェックを外すと、ドキュメントを閉じたときに、選択
しているワークスペースが継続されます。

✏️ 最近使用したファイルの表示数

ホーム画面の［最近使用したもの］には、最近使用したファイルが表示
され、クリックすると開けます（ファイルを保存時と異なる場所へ移
動した場合は、開けません）。最近使用したファイルの表示数は、メ
ニューバーの［編集］（Macでは［InDesign］）をクリックし、［環境設定］
→［ファイル管理］をクリックすると表示される［環境設定］ダイアロ
グボックスで変更可能です。［最近使用したファイルの表示数］は、0
～30の数値を指定できます。初期設定では20になっています。

ページを切り替えよう

ページの切り替えがスムーズにできるようになりましょう。
ターゲットページはレイアウトの対象に、選択ページはページ操作の対象になります。

ページをターゲットにする

1 メニューバーの［ウィンドウ］をクリックし❶、［ページ］をクリックします❷。

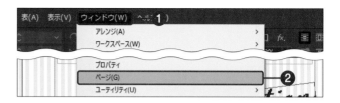

2 ［ページ］パネルが表示されました。［ページ］パネル上部には親ページが、下部にはドキュメントページが表示されています。表示されているターゲットページのページ番号が青く反転しています。パネル下部にカーソルを合わせて が表示されたら❶、上下にドラッグすると❷、パネルの高さを伸縮できます。

> 💡 パネル左部にカーソルを合わせ、左右にドラッグすると、パネルの幅を伸縮できます。

ターゲットページ

表示された

ターゲットページが表示されている

3 ページ番号（ここでは「2-3」）をダブルクリックすると❶、ページ番号が青く反転してターゲットになり、表示されます。表示されるターゲットページは、レイアウトの対象になります。

> 💡 親ページをターゲットにするには、親ページの名前をダブルクリックします。

ターゲットページ

表示されるページが変わった

ページを選択する

1 ページアイコンをクリックすると❶、ページアイコンが青く反転して選択され、ページの追加や削除、移動など（54ページ参照）、ページ操作の対象になります。表示されるページは変わりません。

💡 複数のページアイコンを選択するには、Ctrl（command）を押しながらページアイコンをクリックして、複数選択します。

ターゲットページ

選択ページ

表示されるページは変わらない

ページを切り替える

1 画面左下にある数値ボックスに、目的のページ番号（ここでは「6」）を入力し❶、Enter（return）を押すと、指定したページに切り替わり表示されます。

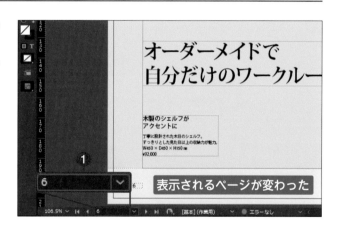

オーダーメイドで
自分だけのワークルー

木製のシェルフが
アクセントに

丁寧に設計された木目のシェルフ。
すっきりとした見た目以上の収納力が魅力。
W450 × D450 × H150 ㎜
¥92,000

表示されるページが変わった

2 ◀ をクリックすると❶、前ページへ切り替わり、▶ をクリックすると❷、次ページへ切り替わります。また、⏮ をクリックすると❸、先頭ページへ切り替わり、⏭ をクリックすると❹、最終ページへ切り替わります。

ダブルサイズでも
広々としたベッドルームに

モダンでクリア、洗練されたホワイトで圧迫感が
なく、美しく広々とした居心地の良さ。
ダブル: W1600 × D2170 × H764 ㎜
¥152,000

表示されるページが
変わった

基礎編

画面を拡大・縮小、移動しよう

画面を拡大・縮小するときは、[ズーム] ツールを使います。
また、画面を移動するときは、[手のひら] ツールを使います。

ズームツールで画面を拡大・縮小する

① ツールパネルから [ズーム] ツールをクリックします❶。

💡 ドキュメントを開いたときに、全体表示されていない場合は、[手のひら] ツールのアイコンをダブルクリックします（35ページ参照）。

② 画面上にマウスポインターを合わせると、🔍 が表示され、拡大モードになります。クリックすると❶、クリックした箇所を起点に拡大できます。ここでは3回クリックしています。

💡 特定の範囲を一度で拡大するには、ドラッグして拡大範囲を指定します。また、ドキュメントタブに [GPUプレビュー] と表示されている場合、左方向にドラッグすると縮小、右方向にドラッグすると拡大できます。ドキュメントタブに [GPUプレビュー] と表示されていない場合は、使用できません。

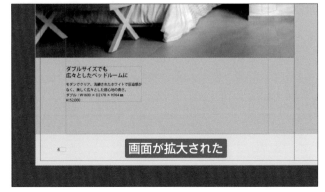

画面が拡大された

③ [Alt]([option])を押すと、マウスポインターの表示が 🔍 に変わり、縮小モードになります。[Alt]([option])を押したままクリックすると❶、クリックした箇所を起点に縮小できます。ここでは2回クリックしました。

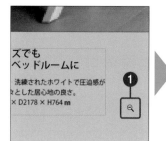

画面が縮小された

手のひらツールで画面を移動する

① ツールパネルから[手のひら]ツールをクリックします❶。

② 画面上にマウスポインターを合わせると、🖐 が表示され、移動モードになります。ドラッグすると❶、画面を移動できます。

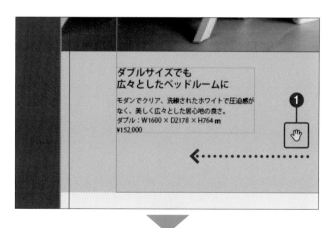

💡 [ズーム]ツールのアイコンをダブルクリックすると、100%表示に切り替わります。

💡 [手のひら]ツールのアイコンをダブルクリックすると、全体表示に切り替わります。全体表示とは、スプレッド（見開き）全体が見える状態です。使用しているモニタの種類により、全体表示の結果となる表示倍率は異なります。

💡 [表示]メニューには、画面表示に関するコマンドが用意されています。[スプレッド全体]を選択するとスプレッド（見開き）が全体表示になり、[ページ全体]を選択するとページが全体表示になります。[100%表示]を選択すると100%表示になります。

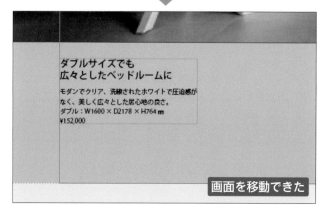

画面を移動できた

スクリーンモードを変更しよう

通常はスクリーンモードを標準モード（フレーム枠やガイドが表示されている状態）で作業しますが、
プレビューモードに切り替えると、仕上がりの状態を確認できます。

標準モードからプレビューモードにする

1 ツールパネルから［標準モード］を長押
しし❶、表示されるリストから［プレ
ビュー］をクリックします❷。

💡 標準モードと前に選択したほかのモード
（プレゼンテーション以外）との切り替え
W

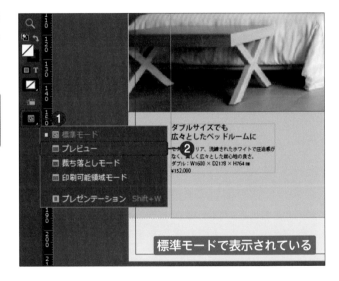

2 プレビューモードになり、フレーム枠や
ガイドが非表示の状態になり、仕上がり
を確認しやすくなりました。標準モード
に戻すには、手順①で表示されるリスト
から［標準モード］をクリックするか、
Wを押します。

💡 フレーム枠やガイドなどを個別に非表示に
したい場合は、［表示オプション］を使用します
（36ページ参照）。

標準モードからプレゼンテーションモードにする

① ツールパネルから［標準モード］を長押しし**❶**、表示されるリストから［プレゼンテーション］をクリックします**❷**。

💡 プレゼンテーションモード
`Shift` + `W`

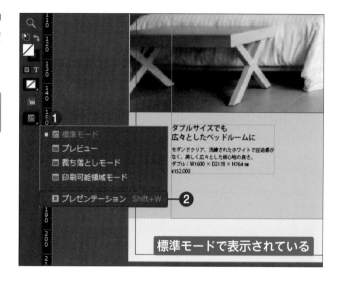

標準モードで表示されている

ダブルサイズでも
広々としたベッドルームに
モダンでクリア、洗練されたホワイトで圧迫感が
なく、美しく広々とした居心地の良さ。
ダブル：W1600 × D2178 × H764 ㎜
¥152,000

- 標準モード
- プレビュー
- 裁ち落としモード
- 印刷可能領域モード
- プレゼンテーション　Shift+W **❷**

② プレゼンテーションモードになり、InDesignの外観が非表示になりました。複数のページがある場合、キーボードの矢印キー`←``→``↑``↓`を使って、ページを移動することができ、効率的にプレゼンテーションができます。標準モードに戻すには、`Esc`を押します。

プレゼンテーションモードになった

✏️ 裁ち落としモードと印刷可能領域モード

裁ち落としモードは、プレビューモードに裁ち落とし（37ページ参照）が含まれるモードで、裁ち落としを含め、制作物の仕上がりを確認する際に便利です。また、印刷可能領域モードは、プレビューモードに印刷可能領域が含まれるモードで、印刷可能領域（52ページ参照）にあるオブジェクトを含め、制作物の仕上がりを確認する際に便利です。

裁ち落としが
含まれる

- 標準モード
- プレビュー
- 裁ち落としモード
- 印刷可能領域モード
- プレゼンテーション　Shift+W

基礎編

ドキュメントを作成しよう

新規ドキュメントを作成する際、制作物に応じて適切な設定を行うことが重要です。
フリーレイアウトには[マージン・段組]、文字中心の設計には[レイアウトグリッド]が向いています。

新規ドキュメントを作成する

1 メニューバーの[ファイル]をクリックし❶、[新規]→[ドキュメント]をクリックします❷。

💡 [ファイル]→[新規]→[ドキュメント]
Ctrl（command）＋N

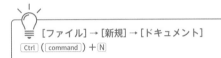

2 [新規ドキュメント]ダイアログボックスが表示されます。制作物に応じて、ドキュメントのカテゴリーを選択します。ここでは、印刷物を作成すると想定し、[印刷]をクリックします❶。

💡 ドキュメントのカテゴリーを選択すると、以降の設定は、選択したカテゴリーに応じた内容が表示されます。

3 [プリセット]で規定サイズ（ここでは「A5」）をクリックすると❶、[幅][高さ]に対応するサイズが自動で入力されます。ドキュメントのカテゴリーが[印刷]の場合、[単位]は[ミリメートル]になります。
ドキュメントの[方向]（ここでは縦置き🖼）をクリックして❷、[綴じ方]（ここでは左綴じ🖼）を設定します❸。

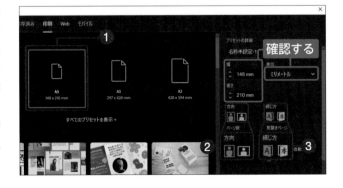

④ [ページ数] でドキュメントのページ数を❶、[開始ページ番号] で開始するページ番号を指定します❷。見開きにする場合は [見開きページ] にチェックを入れます❸。親ページにテキストフレームを作成し、ドキュメントページでテキストが増えるごとにテキストフレームを自動的に作成する場合は [テキストフレームの自動生成] にチェックを入れます（ここでは外します）❹。

💡 [ページ数] や [開始ページ番号] は、ドキュメント作成後も変更できます。未確定の場合は、仮のページ数やページ番号で構いません。

⑤ ドキュメントのカテゴリーが [印刷] で、商業印刷物のデータを作成する場合、[裁ち落とし] で、裁ち落とし（37ページ参照）の設定をします❶。通常 [3mm] と自動入力されています。印刷可能領域を使用する場合（52ページ参照）は、[印刷可能領域] で必要な数値を入力します❷。

⑥ [プリセットの詳細] の一番上の欄にファイル名を入力します（ここでは「レシピブック」）❶。これでドキュメントの基本的な設定は完了です。続いて、目的に合わせて、該当するドキュメントの種類をクリックします（52〜53ページ参照）。

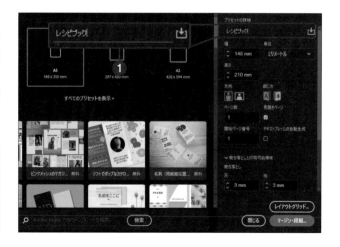

💡 ドキュメント作成後も、ドキュメント設定の変更は可能です。メニューバーの [ファイル] をクリックし、[ドキュメント設定] をクリックして表示される [ドキュメント設定] ダイアログボックスで変更します。

💡 [レイアウトグリッド] や [マージン・段組] は、以前にクリックしたほうが青く表示されます。

マージン・段組のドキュメントを作成する

① 基本的なドキュメントの設定が済んだら、ドキュメントの種類を選択します。ここでは、フリーレイアウトに向いている［マージン・段組］をクリックします**❶**。

② ［新規マージン・段組］ダイアログボックスが表示されます。［マージン］でマージン（余白）を設定します（ここでは「15mm」）**❶**。段組にする場合は、［段組］の［数］、［間隔］［組み方向］を設定します**❷**。ここでは段組にしないので、［数］は「1」にします。設定ができたら［OK］をクリックします**❸**。

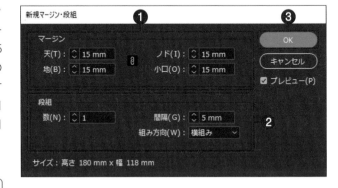

💡 ［見開き］のチェックを外している場合は、単ページになるため、［マージン］の設定は［天］［地］［左］［右］になります。

③ 設定をもとにして、新規ドキュメントが作成されました。

💡 ドキュメントを作成後も、マージン・段組の設定を変更できます。メニューバーの［レイアウト］をクリックし、［マージン・段組］をクリックして表示される［マージン・段組］ダイアログボックスで変更します。

新規ドキュメントが作成された

✏️ 印刷可能領域

印刷可能領域は、ドキュメントに関する情報や連絡事項などを記載する場合に設定する領域です。印刷可能領域に配置したオブジェクトを印刷（書き出し）するには、［プリント］（［Adobe PDFを書き出し］）ダイアログボックス（62ページ参照）の［トンボと裁ち落とし］の［裁ち落としと印刷可能領域］で［印刷可能領域を含む］にチェックを入れます**❶**。

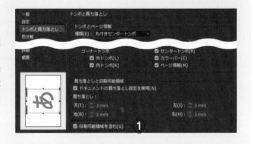

レイアウトグリッドのドキュメントを作成する

① 基本的なドキュメントの設定が済んだら、ドキュメントの種類を選択します。ここでは、文字中心の設計に向いている[レイアウトグリッド]をクリックします❶。

② [新規レイアウトグリッド]ダイアログボックスが表示されます。[グリッド書式属性]で、誌面のベースとなる本文の書式属性を設定します❶。[行と段組]で段数や段間、1行あたりの文字数や行数を設定します❷。[グリッド開始位置]でグリッドの開始位置や一部のマージンを設定します❸。設定ができたら[OK]をクリックします❹。

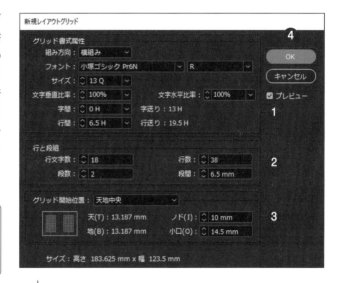

💡 51ページの手順④で[見開きページ]のチェックを外している場合は、単ページになるため、[グリッド開始位置]の設定は[天][地][左][右]になります。

💡 段を組む場合、先に段数を設定しましょう。先に行文字数を設定すると、段数を設定した際に変わってしまうので注意しましょう。

💡 レイアウトグリッドは、画面上に表示されるグリッドです。テキストを入力する際は、テキストフレームであるフレームグリッドを作成する必要があります。

③ 設定をもとに、新規ドキュメントが作成されました。

💡 ドキュメント作成後も、レイアウトグリッドの設定を変更できます。メニューバーの[レイアウト]をクリックし、[レイアウトグリッド設定]をクリックして表示される[レイアウトグリッド設定]ダイアログボックスで変更します。

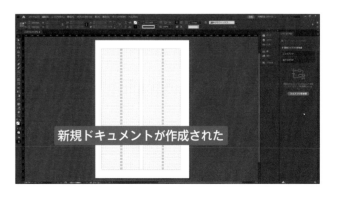

新規ドキュメントが作成された

ページを作成しよう

ページを追加・削除したり、移動したりする操作は、作業をするうえで頻繁に行う操作です。
効率よく操作できるようになりましょう。

ページを追加・削除する

① [ページ]パネルを表示し（44ページ参照）、Alt（option）を押しながら[ページを挿入]🔲をクリックします❶。

💡 キーを押さずに[ページを挿入]をクリックすると、手順②のダイアログボックスは表示されず、事前に選択したページ（45ページ参照）の後に、同じ親ページ（29ページ参照）を使って1ページ追加されます。

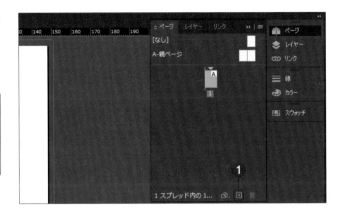

② [ページを挿入]ダイアログボックスが表示されます。[ページ]で追加するページ数を❶、[挿入]でページの挿入箇所を❷、[親ページ]で使用する親ページを設定し❸、[OK]をクリックします❹。

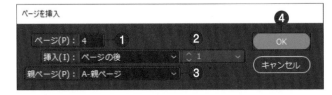

③ 設定した箇所にページが追加されました。

💡 ページを削除するには、ページアイコンをクリックして選択し、[ページを削除]🗑をクリックします。

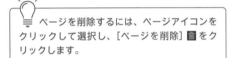

ページを移動する

① 移動したいページのアイコン（ここでは4ページ）をクリックして選択し❶、［ページ］パネルの▤をクリックして❷、［ページを移動］をクリックします❸。

💡 ページをターゲット（44ページ参照）にすると、スプレッド（見開き）でページを選択することができます。

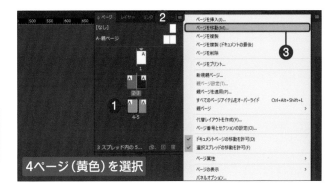

4ページ（黄色）を選択

② ［ページを移動］ダイアログボックスが表示されます。［ページを移動］で移動するページ番号（ここでは事前に選択した4ページ）を❶、［出力先］でページの移動先（ここでは2ページの後）を❷、［移動先］で移動先のドキュメントを設定し❸、［OK］をクリックします❹。

③ 設定した箇所にページが移動しました。ここでは、元の4ページは、元の2ページの後に移動したことで、3ページになり、元の3ページは4ページになりました。

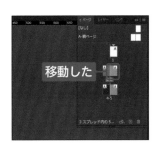

移動した

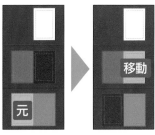

元　移動

✎ パネルメニューからページ操作を行う

［ページ］パネルのパネルメニューから、さまざまなページの操作が行えます。［ページを挿入］をクリックすると❶、54ページで解説したページの追加と同様の操作ができます。［新規親ページ］をクリックすると❷、56ページで解説した親ページの作成と同様の操作ができます。

親ページを作成する

① 「A-親ページ」の名前をダブルクリックして、ターゲットにします❶。

② 「A-親ページ」が表示されます。ノンブル（18ページ参照）、柱（18ページ参照）、インデックス（156ページ参照）などの親ページアイテムを作成します。

💡 親ページに作成したオブジェクトのことを、親ページアイテムといいます。

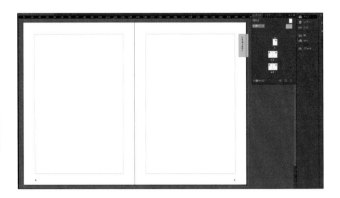

親ページを追加する

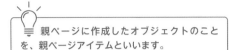

① Ctrl（command）+ Alt（option）を押しながら［ページを挿入］ 🔲 をクリックします❶。

💡 ［ページを挿入］ 🔲 をクリックする際、Ctrl（command）を組み合わせると、親ページを作成できます。

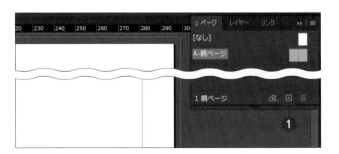

② ［新規親ページ］ダイアログボックスが表示されます。［名前］で親ページの名前（ここでは変更しない）を❶、［基準親ページ］で基準となる親ページ（ここでは「A-親ページ」）を指定し❷、［OK］をクリックします❸。

💡 プレフィックスとは、ページアイコンの上部に表示される文字列で、どの親ページとリンクしているかを示します。

③ 親ページセクションに、「A-親ページ」を基準にした「B-親ページ」が作成されました。「A-親ページ」にあるオブジェクトがコピーされた状態からスタートするので、編集して異なる親ページを作成します。

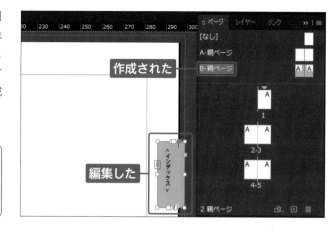

作成された

編集した

 親ページをターゲットにした状態で、Alt（option）を押しながら親ページの名前をクリックすると、[親ページ設定]ダイアログボックスが表示されます。

✏ ロックされた親ページアイテムを編集する

手順③で作成された親ページアイテムのフレームは、点線で表示され、ロックされています。編集する場合は、Ctrl（command）+ shift を押しながらオブジェクトをクリックし、オーバーライド（上書き）して、編集可能な状態にします。

ロックされている

親ページをドキュメントページに適用する

① 親ページ名（ここでは「B-親ページ」）を、適用したいドキュメントページ（ここでは4ページ）のアイコンにドラッグ＆ドロップします**❶**。

💡 親ページに対して、親ページとリンクしたページは子ページになります。

💡 親ページアイテムを含む親ページとリンクしたくない場合は、[なし]を適用します。

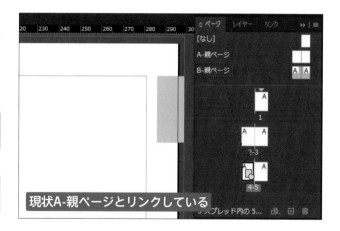

現状A-親ページとリンクしている

② ドキュメントページに親ページを適用できました。ページアイコンに、リンクした親ページのプレフィックス（56ページ参照、ここでは「B」）が表示されます**❶**。同様に5ページにも適用します。

B-親ページとリンクされた

10

レイヤーを作成しよう

レイヤーとは、透明なフィルムのようなもので、複数重ね合わせてビジュアルを構成します。
レイヤーは追加・削除したり、名前を変更したりできます。

新規レイヤーを作成する

① メニューバーの[ウィンドウ]をクリックし❶、[レイヤー]をクリックします❷。

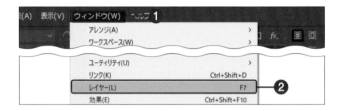

② [レイヤー]パネルが表示されました。新規作成したドキュメントには、「レイヤー1」があります。Alt（option）を押しながら、[新規レイヤーを作成]回をクリックします❶。

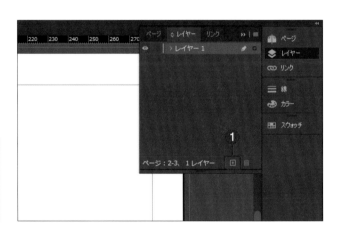

💡 Alt（option）を押すと、ダイアログボックスを表示させることができ、作成と同時にレイヤー名を付けられるので効率的です。キーを押さずに作成すると、自動的に[レイヤー●（数字）]という名前のレイヤーができます。

③ [新規レイヤー]ダイアログボックスが表示されます。[名前]にレイヤー名を入力し❶、[OK]をクリックします❷。

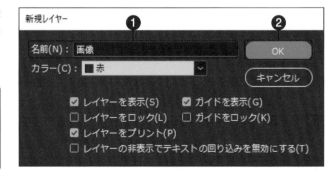

💡 レイヤー名の付け方に決まったルールはないので、作業するうえでわかりやすい名前にするとよいでしょう。たとえば、文字用のレイヤーであれば[文字]、画像用のレイヤーであれば[画像]などです。

④ レイヤーが追加されました。新規レイヤーは、事前に選択したレイヤーの真上に追加されるしくみになっています。

レイヤー情報を変更する

① [レイヤー] パネルで情報を変更したいレイヤー名をダブルクリックします❶。

② [レイヤーオプション] ダイアログボックスが表示されるので、[名前] に変更するレイヤー名を入力します❶。必要に応じて、[カラー] の ✓ をクリックし❷、表示されるリストからレイヤーに割り当てるカラーをクリックして (ここでは変更しない)、[OK] をクリックします❸。

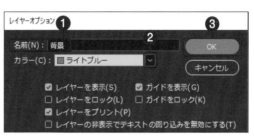

💡 [カラー] で指定するカラーは、レイヤーに配置されているオブジェクトのフレームの境界線のカラーになります。オブジェクトとは異なるカラーを選択したほうが、境界線が見やすくなります。

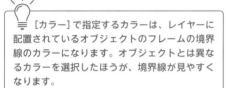③ レイヤー名が変更されました。

 レイヤーを操作する

レイヤーの順序は、後から変えることができます。レイヤーをドラッグし移動先にドロップすると❶、順序を変えることができます。また、レイヤーを削除するには、レイヤーを選択し、[レイヤーを削除] 🗑 をクリックします❷。なお、レイヤーは最前面にあるものが一番上に表示され、以下表示順に並んでいます。

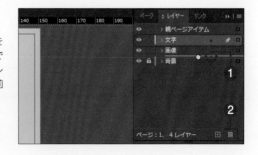

ドキュメントを保存しよう

作業を中断・終了する際は、ドキュメントを保存しましょう。InDesignの機能を保持するには、
INDD形式で保存します。閲覧用のデータの受け渡しには、PDF形式での保存が便利です。

ドキュメントをINDD形式で保存する

① メニューバーの［ファイル］をクリック
し**①**、［保存］をクリックします**②**。

> 💡 ［ファイル］→［保存］
> Ctrl（ command ）＋S

② 初回は［別名で保存］ダイアログボック
スが表示されます。新規ドキュメント作
成時にファイル名を付けている場合（51
ページ参照）は、ファイル名が入力され
ています。ドキュメントの保存先を指定
し**①**、［ファイルの種類］（Macでは［形
式］）（63ページ参照）で［InDesign 2023
ドキュメント］を選択します**②**。設定を
確認後、［保存］をクリックします**③**。

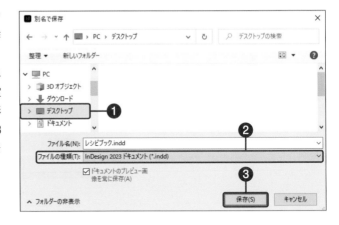

✏️ 下位バージョン用にドキュメントを保存する

データの受け渡しをする場合は、先方のバージョンを確認し、そ
のバージョンに合わせて保存しましょう。下位バージョン用にド
キュメントを保存する場合は、［ファイルの種類］で［InDesignCS4
以降（IDML）］を選択します。新バージョン特有の機能を使用して
いる場合、下位バージョンでは再現できない場合があります。ファ
イルの拡張子は.idml（InDesign Markup Language）になります。

③ 指定した保存先にドキュメントが保存されます。

 本書では、拡張子を表示して解説しています。

テンプレートとしてドキュメントを保存する

使用頻度が高いフォーマットのドキュメントは、テンプレートファイルとして保存すると便利です。テンプレートとしてドキュメントを保存する場合は、[ファイルの種類] (Macでは [形式]) で[InDesign 2023 テンプレート]を選択します。ファイルの拡張子は.indt (InDesign Template) になります。

ドキュメントをPDF形式で保存する

① メニューバーの[ファイル]をクリックし❶、[書き出し]をクリックします❷。

 [ファイル]→[書き出し]
[Ctrl] ([command]) + [E]

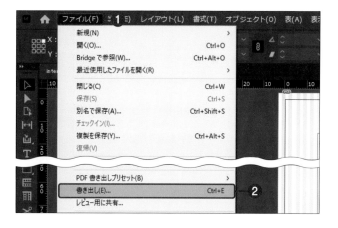

② [書き出し]ダイアログボックスが表示されます。ファイル名を付けている場合 (51ページ参照) は、ファイル名が入力されています。ドキュメントの保存先を指定し❶、[ファイルの種類] (Macでは [形式]) (63ページ参照) で[Adobe PDF (プリント)]を選択します❷。設定を確認後、[保存]をクリックします❸。

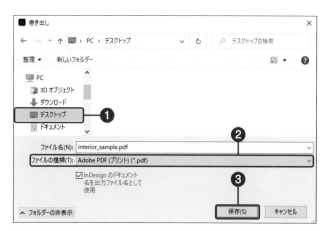

[Adobe PDFを書き出し]ダイアログボックスが表示されます。用途に応じて[PDF 書き出しプリセット]でプリセットを設定します❶。[ページ]で書き出し範囲（ここでは「すべて」）と書き出し形式（ここでは「見開き」）を設定します❷。

💡 [ページ]の[範囲]で、書き出すページを指定できます。たとえば、1ページと4から7ページを書き出したい場合は、「1,4-7」と入力します。

④ [トンボと裁ち落とし]をクリックします❶。[トンボとページ情報]の[すべてのトンボとページ情報を書き出す]にチェックを入れます❷。[裁ち落としと印刷可能領域]の[ドキュメントの裁ち落とし設定を使用]にチェックを入れます❸。[書き出し]をクリックすると❹、指定した保存先にドキュメントが書き出されます。

💡 [カラーバー]にチェックを入れると、CMYKのインキとグレーの階調を表す小さなカラーの四角形が追加されます。このマークは、出力センターや印刷会社が印刷機のインキ濃度を調節するために使用します。[ページ情報]にチェックを入れると、ファイル名、ページ番号、出力日時が追加されます。

💡 印刷可能領域（52ページ）も書き出したい場合は、[印刷可能領域を含む]にチェックを入れます。

💡 [PDF書き出し]プリセットでは、一般的に、メール送信用など軽いサイズが推奨されるファイルには[最小ファイルサイズ]を、プリンタ出力用には[高品質印刷]を選択します。[高品質印刷]を選択して[PDFを保存]をクリックすると、以前のバージョンで開く際は編集機能を保持できない旨のダイアログボックスが表示されます。問題なければ[はい]をクリックして続行します。

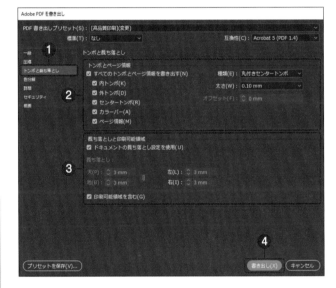

⑤ 指定した保存先にドキュメントがPDFファイルで保存されます。Acrobatなどでファイルを開くと、設定に応じたPDFファイルが書き出されていることがわかります。

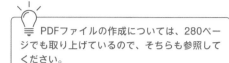

PDFファイルの作成については、280ページでも取り上げているので、そちらも参照してください。

PDFにセキュリティを設定する

左側のリストの［セキュリティ］の設定を使用すると、書き出し後のPDFに、ファイルを開く際のパスワードや、印刷や編集の権限を設定できます。右図の設定では、ファイルを開く際にパスワードが必要で、印刷は可、編集による変更は不可にしています。

さまざまなファイル形式

通常、作業ファイルは、InDesignの機能を最大限に保持できるINDD形式で保存します。ただし、INDD形式のファイルは、InDesignを持っていないと開くことができません。用途に応じて、適したファイル形式に変換しましょう。ここでは、主に使用されているファイル形式を確認します。

主なファイル形式

INDD (InDesign Data)	すべてのInDesignの機能を保持する形式。通常、作業後のファイルは、InDesignの機能が保持され修正しやすいため、この形式で保存しておきます。また、そのほかのAdobeのソフトとの連携もとりやすい形式です
IDML (InDesign Markup Language)	InDesignで作成したファイルを下位バージョン用に保存した形式。データの受け渡し先が下位バージョンの場合に使用します
INDT (InDesign Template)	InDesignで作成した使用頻度が高いフォーマットをテンプレートで保存した形式。Adobe Stock（66ページ参照）からダウンロードしたテンプレートはこの形式です
JPEG (Joint Photographic Experts Group)	編集・保存を繰り返すと画質が劣化する不可逆圧縮形式。圧縮率が高くファイルサイズを下げることができ、Web用の画像として使用されることが多いです。フルカラーを扱え、写真やグラデーションなどの色数が多い画像に向いています。透明部分は保持できません
EPS (Encapsulated PostScript)	印刷用の画像として使用される形式。ベクトル画像およびビットマップ画像の両方を含めることができ、ほぼすべてのグラフィック、イラストおよび DTPのプログラムでサポートされています
PDF (Portable Document Format)	OSやアプリケーションの違いを超えて使用できる柔軟性に富んだファイル形式。InDesignを持っていない人とのやりとりにも便利です

Section 12

ドキュメントを印刷しよう

作成したドキュメントを紙に印刷するには、[プリント]の機能を使います。
基本的な設定は、PDFの書き出し（61ページ参照）と同様です。

ドキュメントを紙に印刷する

① メニューバーの[ファイル]をクリックし①、[プリント]をクリックします②。

[ファイル] → [プリント]
Ctrl (command) + P

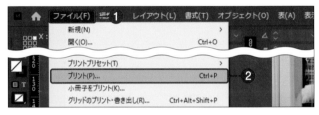

② [プリント]ダイアログボックスが表示されます。基本的な印刷設定は、ダイアログボックスが表示されたときに、最初に表示される[一般]セクションで設定できます。印刷したい範囲が表示されているかを[プレビュー]で確認しながら、設定しましょう。まずは、使用するプリンターを選択します①。

③ ［部数］に印刷したい部数を入力します
❶。すべてのページを印刷する場合は
［すべて］を選択します。［範囲］で印刷
するページ範囲を指定することもできま
す❷。

💡 ［ページ］の［範囲］で、印刷するページを
指定できます。たとえば、1ページと4から7ペー
ジを印刷したい場合は、「1,4-7」と入力します。

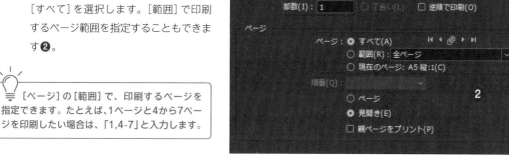

④ 左側のリストから［設定］をクリックし
て切り替え、［用紙サイズ］で使用する
用紙サイズを❶、［方向］で用紙の向き
を選択します❷。

⑤ 左側のリストから［トンボと裁ち落とし］
をクリックして切り替え、［トンボとペー
ジ情報］の［すべてのトンボとページ情報
を印刷］にチェックを入れます❶。［裁
ち落としと印刷可能領域］の［ドキュメン
トの裁ち落とし設定を使用］にチェック
を入れます❷。すべての設定を確認し、
プレビューに問題がなければ、［プリン
ト］をクリックして❸、印刷します。

💡 印刷可能領域（52ページ参照）も印刷した
い場合は、［印刷可能領域を含む］にチェックを
入れます。

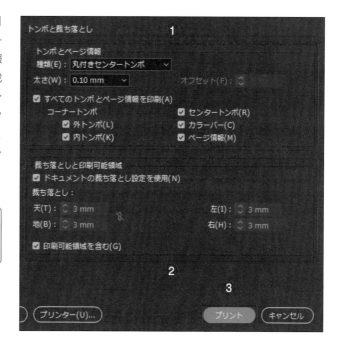

テンプレートを利用しよう

ドキュメントの作成時、[新規ドキュメント] ダイアログボックス（50ページ参照）でさまざまなテンプレートを選択できます。また、[Adobe Stockで他のテンプレートを検索] ボックスにキーワードを入力し、Adobe Stock（286ページ参照）を表示して検索することもできます。Adobe Stockには、豊富なテンプレートが用意されています。

■[新規ドキュメント] ダイアログボックス

Adobe Stockで他のテンプレートを検索

■Adobe StockのWebサイト

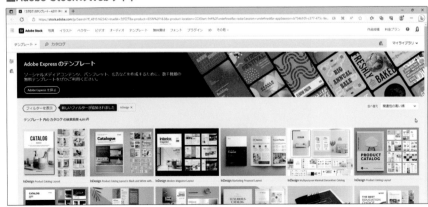

Chapter

3

テキストの基本操作を身に付けよう

ここでは、テキストの基本操作を確認しましょう。テキストの入力方法や、文字や段落の設定方法を理解すると、効率よくテキストを入力・編集できます。文字に関する便利な機能も紹介します。

テキストを入力・編集できるようになろう

テキストフレームの種類と文字系ツール

InDesignには、フレームに書式属性を持たないプレーンテキストフレームとフレームに書式属性を持つフレームグリッドの2種類のテキストフレームがあります。プレーンテキストフレームを作成するツールには、[横組み文字]ツールと[縦組み文字]ツールがあります。また、事前に作成したパスの上に文字を入力する[横組みパス]ツールと[縦組みパス]ツールがあります。

フレームグリッドを作成するツールには、[横組みグリッド]ツールと[縦組みグリッド]ツールがあります。組版計算を必要とする文字中心の誌面を作成する際に、レイアウトグリッドのドキュメント（53ページ参照）と組み合わせて使用されるケースが多いですが、マージン・段組のドキュメント（52ページ参照）で使用することもできます。

📖 テキストフレームの種類

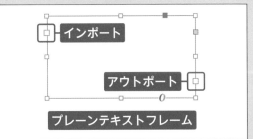

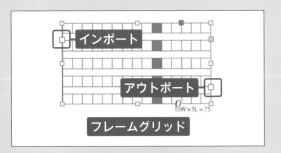

📖 文字系ツール

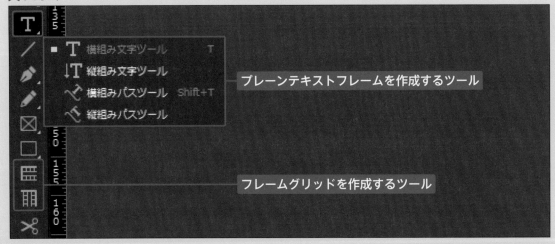

コントロールパネル、文字パネル、段落パネル

テキストには、コントロールパネルや［文字］パネル、［段落］パネルを使って、さまざまな書式の設定ができます。

これらの設定は、テキストの入力前と入力後のどちらでも可能です。

📖 コントロールパネルや文字パネル、段落パネルを使って、書式を設定する

 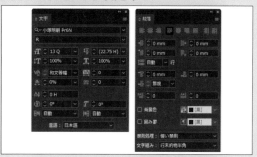

テキストの入力方法

📖 プレーンテキストフレーム

［横組み文字］ツールでドラッグし、作成されるテキストフレーム内にカーソルが表示されたら❶、テキストを入力します。テキストフレームの端までテキストが流れると、自動的に行を折り返します。書式の設定は別途

行います。また、［横組み文字］ツールでクローズパス上（91ページ参照）をクリックすると、テキストフレームに変換されます。

📖 フレームグリッド

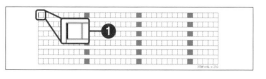

［横組みグリッド］ツールでドラッグし、フレームグリッドを作成します。作成後、［選択］ツールでフレームグリッドをダブルクリックし、グリッド内にカーソルが表示されたら❶、テキストを入力します。グリッドの端まで

テキストが流れると、自動的に行を折り返します。フレームグリッドは、フレームに書式属性を持つため、入力した時点で、基本的な書式の設定は完了します。

基礎編

Adobe Fontsを利用しよう

Adobe Fontsには豊富なフォントが用意されており、アクティベートすると、InDesignですぐに利用できます。ここでは、和文フォントと欧文フォントをアクティベートしてみましょう。

Adobe Fontsからフォントをアクティベートする

1 Creative Cloud Desktopアプリを起動し（17ページ参照）、[ホーム]をクリックして❶、[Adobe Fonts]をクリックします❷。

💡 [ホーム]タブが表示されていない場合は、[アプリ]タブの[フォントを管理]をクリックして、[別のフォントを参照]をクリックします。

2 WebブラウザでAdobe Fontsのサイトが表示されます。ここでは、和文フォントを検索します。検索ボックスに「UD新ゴ」と入力すると❶、[上位のファミリー]に候補のフォントが表示されます。[A-OTF UD Shin Go Pr6N]をクリックします❷。

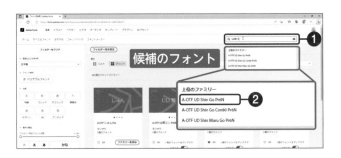

3 「A-OTF UD 新ゴ Pr6N」のページへ移動します。スクロールバーをドラッグして下部へ移動し❶、[アクティベート]をクリックします❷。

💡 アクティベートとは、**Adobe**のソフトでフォントの使用を有効化することです。アクティベートしたフォントをディアクティベートすると、ライセンス認証は解除されます。

④ 「A-OTF UD 新ゴ Pr6N」がアクティベートされました。

⑤ 同様に欧文フォントも検索しましょう。検索ボックスに「Futura」と入力すると❶、[上位のファミリー]に候補のフォントが表示されます。ここでは、[Futura PT]をクリックします❷。

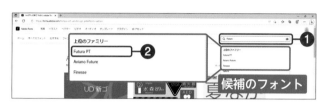

⑥ 「Futura PT」のページへ移動します。スクロールバーをドラッグして下部へ移動し❶、「Futura PT Light」の[アクティベート]をクリックして❷、アクティベートします。

⑦ InDesignに切り替えます。[文字]パネルのフォントリストを確認すると、「A-OTF UD 新ゴ Pr6N」と「Futura PT Light」がアクティベートされ、フォント一覧より選択して使用できるようになりました（「Futura PT Light」は、メニューバーの[書式]→[フォント]で確認できます）。

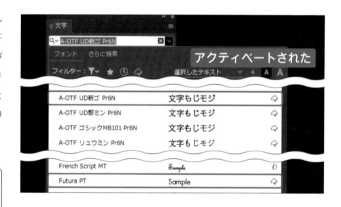

💡 フォントは、InDesignからアクティベートすることも可能です（236ページ参照）。

✏️ フォントリストに表示されるマーク

[文字]パネルや[文字形式]コントロールパネルのフォントリストには、さまざまなマークが表示されます。
[類似フォントを表示] ≈ …クリックすると、類似フォントが表示されます。
[お気に入りに追加] ☆ …クリックすると ★ になります。再度クリックすると、お気に入り解除されます。
[アクティベートされたフォント] ◇ …Adobe Fontsでアクティベートしたフォントです。

文字の種類やサイズを設定しよう

文字の種類やサイズの設定は、[文字形式コントロール] パネルや [文字] パネルで行います。
ここでは、基本的な文字の設定を見てみましょう。

テキストを入力する

1 ツールパネルから [横組み文字] ツール
をクリックします❶。

💡 [横組み文字] ツール
Ⓣ

2 画面上をドラッグしてテキストフレーム
を作成し、テキストフレーム内にカーソ
ルが表示されたら❶、文字を入力しま
す❷。

💡 Enter （return）を押すと、改行できます。

3 入力後、Esc を押すと入力が完了し、テ
キストフレームが選択された状態になり
ます。ツールパネルでは、[選択] ツー
ルを選択した状態になります。

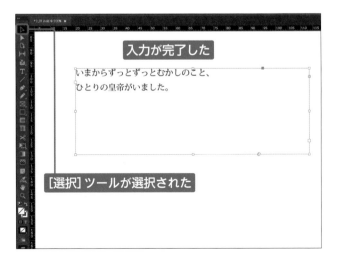

入力が完了した

[選択] ツールが選択された

文字のフォントとフォントサイズを設定する

① [選択] ツールをクリックし❶、テキストフレームをダブルクリックすると❷、テキストフレーム内にカーソルが表示され、[横組み文字] ツールに切り替わります。また、コントロールパネルには、文字や段落の設定が表示されます。

💡 テキストフレームは選択されていなくてもかまいません。

いまからずっとずっとむかしのこと、
ひとりの皇帝がいました。 ❷

[横組み文字] ツールに切り替わった　**文字や段落の設定が表示された**

いまからずっとずっとむかしのこと、
ひとりの皇帝がいました。 **カーソルが表示された**

② メニューバーの [編集] をクリックし❶、[すべてを選択] をクリックして❷、テキストフレーム内のテキストをすべて選択します。

💡 [編集] → [すべてを選択]
Ctrl (command) + A

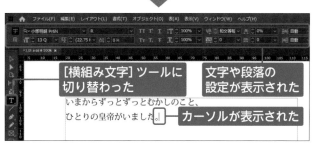

テキストのペーストを取り消し(U)　Ctrl+Z
やり直し(R)　Ctrl+Shift+Z

リンクとして配置(K)

すべてを選択(A)　Ctrl+A ❷
選択を解除(E)　Ctrl+Shift+A

いまからずっとずっとむかしのこと、
ひとりの皇帝がいました。 **選択された**

③ [文字形式コントロール] 字 をクリックし❶、文字関連の設定を行います。[フォントファミリを設定] の ∨ をクリックし❷、リストからフォント (書体) をクリックします❸。

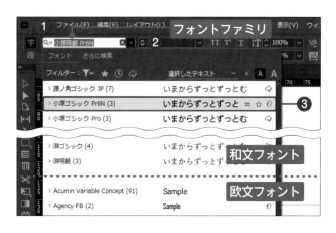

フォントファミリ

フォント　さらに検索

フィルター：

> 源ノ角ゴシック JP (7)　いまからずっとずっとむ
> 小塚ゴシック Pr6N (3)　**いまからずっとずっと** ≈ ❸
> 小塚ゴシック Pro (3)　いまからずっとずっとむ

> 游ゴシック (4)　いまからずっとず
> 游明朝 (3)　いまからずっとず　**和文フォント**

> Acumin Variable Concept (91)　Sample　**欧文フォント**
> Agency FB (2)　Sample

④ [フォントスタイルを設定]の✓をクリックし❶、リストからフォントスタイル（太さ）をクリックします❷。

💡 フォントスタイルとは、フォントファミリの中の太さ違いのバリエーションです。フォントスタイルのバリエーションがないフォントの場合は1つしか表示されません。

⑤ [フォントサイズを設定]の✓をクリックし❶、リストからフォントサイズをクリックします❷。数値ボックスに数値を入力したり、✓をクリックしてサイズを1Qずつ増減することもできます。

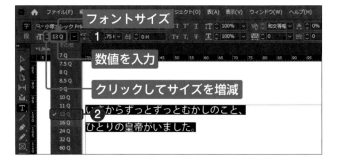

⑥ Escを押すと、設定が完了します。フォントとフォントスタイルとフォントサイズを設定できました。

💡 行間の設定は、77ページを参照してください。ここでは、初期設定の自動行送りを使用しています。

いまからずっとずっとむかしのこと、
ひとりの皇帝がいました。

フォントとフォントスタイルと
フォントサイズを設定できた

✏️ テキストフレームのサイズを整える

テキストの量に対して、テキストフレームが大きいもしくは小さい場合（81ページ参照）は、[選択]ツールでフィットさせて整えましょう。
2行以上のテキストの場合、下中央のハンドル（白い四角）で高さの調整、右中央のハンドルで幅の調整ができます。また、高さ、幅の順でハンドルを順次ダブルクリックすると、テキストフレームがテキストに合わせてフィットします。
1行のテキストの場合、右下のハンドルをダブルクリックすると、テキストフレームがテキストに合わせてフィットします。
字間や行間（76ページ参照）などほかの設定がある場合は、すべて完了してから整えるとよいでしょう。

ハンス・クリスチャン・アンデルセン
Hans Christian Andersen 幅の調整
1805 高さの調整

はだかの王さま

テキストフレームや文字の色を設定する

1 [選択]ツールでテキストフレームを選択し、塗りに色を設定すると❶、テキストフレームに色が設定されます。

💡 テキストフレームは、初期設定で塗り・線ともに「なし」です（36ページ参照）。ここでは確認したら、「なし」に戻します。

テキストフレームに色が付いた

❶

2 文字に対して色を設定するには、テキストフレームが選択された状態で⑴を押すと、設定対象が文字に切り替わります。

💡 一部の文字列に設定する場合は、[横組み文字]ツールで文字列をドラッグして選択してから設定します。

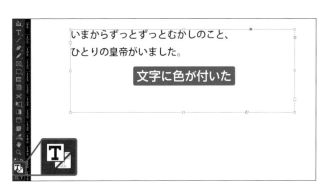

いまからずっとずっとむかしのこと、
ひとりの皇帝がいました。

文字に色が付いた

✏️ [文字]パネルや[段落]パネルによる設定

ここでは、コントロールパネルを使って文字や段落の設定を解説していますが、[文字]パネルや[段落]パネルを使っても、同様に設定できます。

メニューバーの[ウィンドウ]をクリックし❶、[書式と表]→[文字]（段落）をクリックして❷、[文字]パネル（[段落]パネル）を表示します。

[文字]パネルや[段落]パネルを使う場合、[横組み文字]ツールでテキストを選択しなくても、[選択]ツールでテキストフレームを選んだ状態で、文字や段落の設定が行えます。

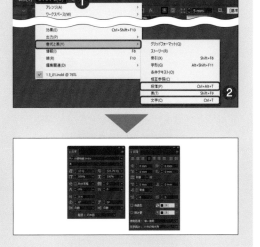

文字の字間や行間を調整しよう

文字の字間は［カーニング］や［トラッキング］で、行間は［行送り］で設定します。
ここでは、字間と行間の調整方法を見てみましょう。

字間を調整する

① 73ページ手順①〜②を参考にテキストフレームのテキストをすべて選択し **❶**、［選択した文字のトラッキングを設定］ ⚌ の ✓ をクリックして **❷**、リストから数値をクリックします **❸**。

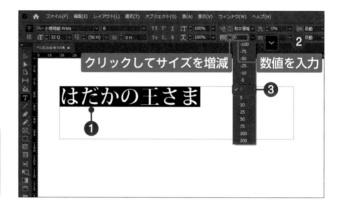

💡 数値ボックスに数値を入力したり、🔼 をクリックしてサイズを10ずつ増減することもできます。正の値で字間が開き（アキ）、負の値で詰まります（ツメ）。

② 上記のトラッキングで一律に調整すると、漢字と仮名でバランスが悪くなることがあります。空いて見えやすい仮名周りは、部分的に字間を調整します。［選択］ツールでテキストフレームをダブルクリックしてカーソルを表示し、目的の場所にカーソルを移動して **❶**、[Alt]（[option]）を押しながら←（ツメ）、→（アキ）を押すと、字間を調整できます。［カーニング（1000/em）］ ⚌ で手順①と同様に設定することもできます **❷**。

💡 字送りとは、文字と文字の水平方向の距離のこと（横組みの場合）で、フォントサイズ＋字間になります。ここで設定するトラッキング、カーニングともに［0］で、字間調整されていないベタ組みになります（20ページ参照）。

💡 目的の場所にカーソルを移動するには、矢印キー ←→↑↓ を使います。

3 字間を調整できました。適宜、ほかの字間も調整して仕上げます。

💡 [トラッキング]は、選択したテキストの字間が一律に調整されます。それに対し、[カーニング]は、特定の字間を調整します。字間調整のショートカットキーは、トラッキングでも使用できます。

はだかの王さま

字間を調整できた

✏️ **字間調整の目安**

全角文字の一文字分を1000として、字間調整の目安にします。たとえば、半角ほど詰めたい場合は-500、全角の四分の一ほど空けたい場合は250というように指定します。トラッキングもカーニングも同様で、各文字の後が調整されます。

トラッキングで四分アキにした

行間を調整する

 1 73ページ手順①〜②を参考にテキストフレームのテキストをすべて選択し**①**、[行送り] 🔳 の ☑ をクリックし**②**、リストから数値を選択します**③**。数値ボックスに数値を入力したり、🔼 をクリックしてサイズを1Hずつ増減することもできます。

💡 行送りとは、行と行の垂直方向の距離のことです(横組みの場合)。表示される値は、フォントサイズ+行間の数値です。また、自動行送りの初期値は、フォントサイズの175%で、数値が括弧()で囲まれています。たとえば、フォントサイズが10Qの場合、行送りには(17.5H)と表示されます。

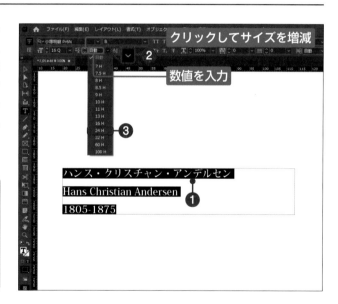

 2 ここでは20Hにして、行間を調整できました。

💡 調整後は、テキストフレームをテキストにフィットさせましょう(74ページ参照)。

ハンス・クリスチャン・アンデルセン
Hans Christian Andersen
1805-1875

行間を調整できた

段落を読みやすく調整しよう

行揃えなどの段落の設定は、［段落形式コントロール］パネルや［段落］パネルで行います。
ここでは、行揃えと段落前のアキを変更してみましょう。

行揃えを設定する

① ［選択］ツールをクリックし❶、テキストフレームをダブルクリックすると❷、テキストフレーム内にカーソルが表示され、［横組み文字］ツールに切り替わります。また、コントロールパネルには、文字と段落の設定が表示されます。

💡 ダブルクリックする箇所により、カーソルが表示される箇所は変わりますが、カーソルが表示されれば問題ありません。

② カーソルが表示されたままで、上3行をドラッグしてテキストを選択します❶。

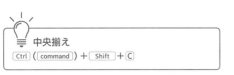

③ ［段落形式コントロール］ 段 をクリックし❶、段落関連の設定を行います。ここでは、8つの行揃えのうち、［中央揃え］ をクリックします❷。

💡 中央揃え
Ctrl（command）＋ Shift ＋ C

④ 残りの部分の行揃えを確認してみましょう。初期設定の均等配置（最終行左 ／ 上揃え）が適用されています。長文は、各行末のがたつきを防ぐため、基本的に行揃えは「均等配置（最終行左 ／ 上揃え）」にします。

均等配置（最終行左 ／ 上揃え）
[Ctrl]（[command]）+ [Shift] + [J]

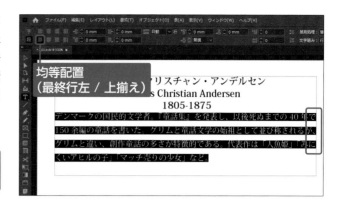

⑤ 上から4行目の最初にカーソルを移動し❶、［段落前のアキ］に数値を入力します（ここでは「3mm」）❷。

⑥ 3行目と4行目の間が空きました。［段落前のアキ］を使うと、改行せずに数値指定をして前段落との間隔を空けることができます。[Esc]を押すと、入力が完了ます。

ハンス・クリスチャン・アンデルセン
Hans Christian Andersen
1805-1875

間隔が3mmあいた

デンマークの国民的文学者。『童話集』を発表し、以後死ぬまでの 40 年で150 余編の童話を書いた。グリムと童話文学の始祖として並び称されるが、グリムと違い、創作童話の多さが特徴的である。代表作は「人魚姫」「みにくいアヒルの子」「マッチ売りの少女」など。

段落を編集できた

そのほかの行揃え、段落後のアキ

［段落形式コントロール］パネルや［段落］パネルには、行揃えや段落前・後の間隔を設定する便利な機能があります。
主に使用する行揃えにはほかにも、左揃え（[Ctrl]（[command]）+ [Shift] + [L]）、右揃え（[Ctrl]（[command]）+ [Shift] + [R]）や、ノンブル作成時に便利な小口揃え（135ページ参照）などがあります。
また、［段落後のアキ］を使うと、次段落との間隔を設定できます。数値で指定できるので、微調整しやすいのが特徴です。

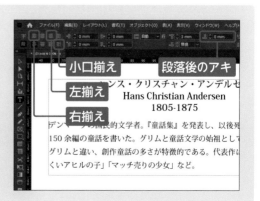

基礎編

テキストフレームの設定を変更しよう

[テキストフレーム設定] を使って、テキストフレームに段組やマージンなどの設定ができます。
ここでは、テキストフレームに段組やマージンを設定してみましょう。

テキストフレームを段組にする

① [選択] ツールをクリックし❶、テキストフレームをクリックします❷。メニューバーの [オブジェクト] をクリックし❸、[テキストフレーム設定] をクリックします❹。

💡 テキストフレーム上を [Alt] ([option]) を押しながらダブルクリックしても、[テキストフレーム設定] ダイアログボックスを表示できます。

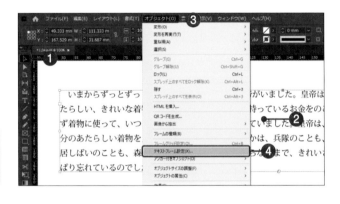

② [テキストフレーム設定] ダイアログボックスが表示されます。[一般] セクションの [段数] で段数を指定し（ここでは「2」）❶、[間隔] で段の間隔を指定します。ここでは、使用しているフォントサイズ13Qの2文字分を四則演算により割り出すため、「13q*2」と入力します❷。左下の [プレビュー] にチェックを入れると❸、[間隔] の数値が換算されたことがわかり、仕上がりを確認できます。

💡 数値に続けて、四則演算の記号を入力すると、自動で計算されます（97ページ参照）。寸法を割り出すために、フォントサイズの単位 (Q) を用いて計算する場合、「q」をあわせて入力します。

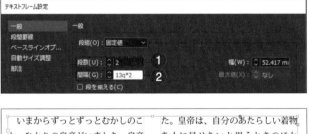

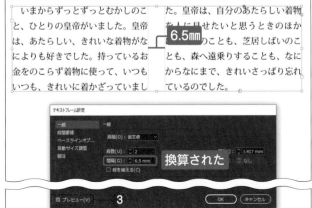

左側のリストから[段間罫線]をクリックします❶。[段間罫線]セクションの[段間罫線を挿入]にチェックを入れ❷、[線幅]に数値を指定します（ここでは「0.1㎜」）❸。仕上がりを確認して[OK]をクリックします❹。

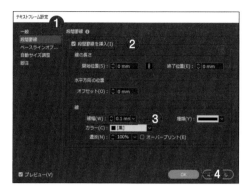

罫線が入った

テキストフレームにマージンを設定する

① 80ページの手順①を参考に、[テキストフレーム設定]ダイアログボックスを表示します。[フレーム内マージン]の上下左右にマージン（余白）を指定します（ここでは「2㎜」）❶。マージンを設定した分、テキストフレームからテキストがあふれるため、アウトポートに ⊕ が表示されます（199ページ参照）。そのまま[OK]をクリックします❷。

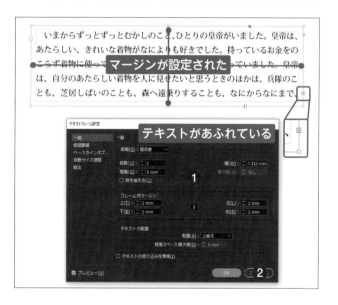

マージンが設定された

テキストがあふれている

② 下中央のハンドル（白い四角）をダブルクリックし❶、テキストフレームをテキストにフィットさせます。ここでは、フレームの塗りに色を設定して仕上げました（75ページ参照）。

は、自分のあたらしい着物を人に見せたいと思うときのほかは、兵隊のこ
とも、芝居しばいのことも、森へ遠乗りすることも、なにからなにまで、

いまからずっとずっとむかしのこと、ひとりの皇帝がいました。皇帝は、
あたらしい、きれいな着物がなによりも好きでした。持っているお金をの
こらず着物に使って、いつも、いつも、きれいに着かざっていました。皇帝
は、自分のあたら　　　　　　　　　　　　ほかは、兵隊のこ
とも、芝居しばいのことも、森へ遠乗りすることも、なにからなにまで、
きれいさっぱり忘れているのでした。

テキストがすべて入った

段落スタイルを活用しよう

使用頻度が高い書式の設定は、段落スタイルとして登録し活用すると、効率的に作業ができます。
ほかのテキストに同じ書式を適用できるほか、修正時に一括更新できます。

段落スタイルを作成する

1 メニューバーの［ウィンドウ］をクリックし❶、［スタイル］→［段落スタイル］をクリックして❷、［段落スタイル］パネルを表示します。

2 ここでは2つの段落スタイルを作成しましょう。まず、作家名にあたるテキストを選択し❶、以下の設定をします（73〜79ページ参照）。設定後、設定箇所を選択したまま、Alt（option）を押しながら［段落スタイル］パネルの［新規段落スタイルを作成］回をクリックします❷。

❶フォント	小塚明朝 Pr6N
❷フォントスタイル	B
❸フォントサイズ	16Q
❹行送り	20H
❺文字カラー	任意のカラー
❻行揃え	左揃え
❼段落前のアキ	5mm
❽段落後のアキ	2mm

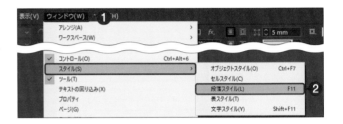

ハンス・クリスチャン・アンデルセン ❶
デンマークの国民的文学者。『童話集』を発表し、以後死ぬまでの40年で150余編の童話を書いた。グリムと童話文学の始祖として並び称されるが、グリムと違い、創作童話の多さが特徴的である。代表作は「人魚姫」「みにくいアヒルの子」「マッチ売りの少女」など。
ヴィルヘルム・カール・グリム
ドイツの言語学者・文学者、並びに童話・伝承の収集者。彼の生涯と業績は、兄のヤーコプ・グリムと密接に関係し、しばしば2人あわせてグリム兄弟の『グリム童話集』の編集者として語られることが多い。代表作は「赤ずきん」「白雪姫」「ブレーメンの音楽隊」など。

パネルが表示された

③ [新規段落スタイル] ダイアログボック
スが表示されます。[スタイル名] に名
前を入力し（ここでは「作家名」）❶、[選
択範囲にスタイルを適用] にチェックを
入れ❷、[CCライブラリに追加] の
チェックを外し❸、[OK] をクリックし
ます❹。

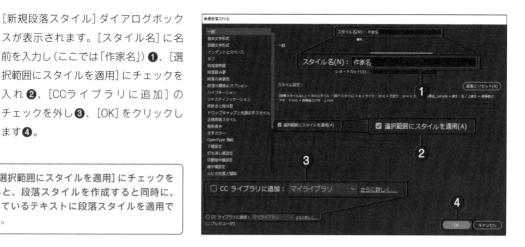

[選択範囲にスタイルを適用] にチェックを
入れると、段落スタイルを作成すると同時に、
選択しているテキストに段落スタイルを適用で
きます。

④ 段落スタイル [作家名] ができました。ほかの作家名にあたるテキストを選択し❶、スタイル名をクリックする
と❷、同じ書式が適用されます。

ハンス・クリスチャン・アンデルセン —— 作家名

デンマークの国民的文学者。『童話集』を発表し、以後死ぬまでの 40 年で
150 余編の童話を書いた。グリムと童話文学の始祖として並び称されるが、
グリムと違い、創作童話の多さが特徴的である。代表作は「人魚姫」「みに
くいアヒルの子」「マッチ売りの少女」など。

ヴィルヘルム・カール・グリム ❶

ドイツの言語学者・文学者、並びに童話・伝承の収集者。彼の生涯と業績は、
兄のヤーコブ・グリムと密接に関係し、しばしば 2 人あわせてグリム兄弟の
『グリム童話集』の編集者として語られることが多い。代表作は「赤ずきん」「白
雪姫」「ブレーメンの音楽隊」など。

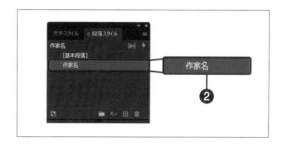

⑤ 同様に、紹介にあたるテキストを選択し
て以下の設定を行い❶、段落スタイル
[紹介] を作成します。作成後、ほかの
紹介にあたるテキストを選択し、スタイ
ル名をクリックして❷、同じ書式を適
用します❸。

スタイル名	紹介
フォント	小塚ゴシック Pr6N
フォントスタイル	R
フォントサイズ	13Q
行送り	自動（22.75H）
行揃え	均等配置（最終行左 / 上揃え）

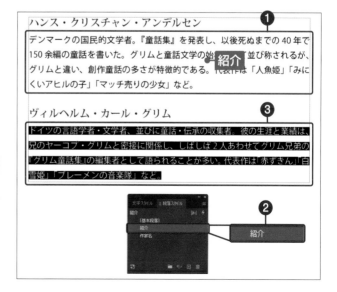

ハンス・クリスチャン・アンデルセン ❶

デンマークの国民的文学者。『童話集』を発表し、以後死ぬまでの 40 年で
150 余編の童話を書いた。グリムと童話文学の始 紹介 並び称されるが、
グリムと違い、創作童話の多さが特徴的である。代表作は「人魚姫」「みに
くいアヒルの子」「マッチ売りの少女」など。

ヴィルヘルム・カール・グリム ❸

ドイツの言語学者・文学者、並びに童話・伝承の収集者。彼の生涯と業績は、
兄のヤーコブ・グリムと密接に関係し、しばしば 2 人あわせてグリム兄弟の
『グリム童話集』の編集者として語られることが多い。代表作は「赤ずきん」「白
雪姫」「ブレーメンの音楽隊」など。

基礎編

段落スタイルを編集する

① 段落スタイルを適用したテキストを変更します。ここでは「作家名」のフォントを変更します。［段落スタイル］パネルの「作家名」の名前をダブルクリックします**❶**。事前にテキストを選択する必要はありません。

> **ハンス・クリスチャン・アンデルセン**
>
> デンマークの国民的文学者。『童話集』を発表し、以後死ぬまでの40年で150余編の童話を書いた。グリムと童話文学の始祖として並び称されるが、グリムと違い、創作童話の多さが特徴的である。代表作は「人魚姫」「みにくいアヒルの子」「マッチ売りの少女」など。
>
> **ヴィルヘルム・カール・グリム**
>
> ドイツの言語学者・文学者、並びに童話・伝承の収集者。彼の生涯と業績は、兄のヤーコプ・グリムと密接に関係し、しばしば2人あわせてグリム兄弟の『グリム童話集』の編集者として語られることが多い。代表作は「赤ずきん」「白雪姫」「ブレーメンの音楽隊」など。

② ［段落スタイルの編集］ダイアログボックスが表示されます。左側のリストの［基本文字形式］をクリックし**❶**、［フォント］を変更します（ここでは「小塚ゴシックPr6N」）**❷**。［プレビュー］にチェックを入れると**❸**、「作家名」を適用したテキストすべてが変更されることをプレビューできます。［OK］をクリックします**❹**。

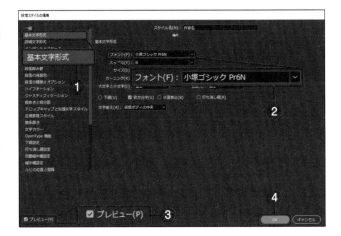

③ 「作家名」を適用したテキストすべてが変更されました。

> **ハンス・クリスチャン・アンデルセン**
>
> デンマークの国民的文学者。『童話集』を発表し、以後死ぬまでの40年で150余編の童話を書いた。グリムと童話文学の始祖として並び称されるが、グリムと違い、創作童話の多さが特徴的である。代表作は「人魚姫」「みにくいアヒルの子」「マッチ売りの少女」など。
>
> **ヴィルヘルム・カール・グリム**
>
> 「作家名」を適用したテキストが変更された
>
> ドイツの言語学者・文学者、並びに童話・伝承の収集者。彼の生涯と業績は、兄のヤーコプ・グリムと密接に関係し、しばしば2人あわせてグリム兄弟の『グリム童話集』の編集者として語られることが多い。代表作は「赤ずきん」「白雪姫」「ブレーメンの音楽隊」など。

段落スタイルを再定義する

「作家名」を適用したテキストを選択し、フォントを変更します（ここでは「小塚明朝Pr6N」）❶。すると、[段落スタイル]パネルのスタイル名の右横に ➕ が表示されます。これは、選択したテキストのスタイルと、登録したスタイルが異なることを表します。このような属性変更のことを、オーバーライドといいます。ここでは、選択したテキストのフォントを変更したため、➕ が表示されました。

💡 選択したテキストを登録したスタイルと同じにするには、Alt（option）を押しながらスタイル名をクリックして ➕ を消します。[選択範囲のオーバーライドを消去] をクリックしても同様の操作ができます。

ハンス・クリスチャン・アンデルセン

デンマークの国民的文学者。『童話集』を発表し、以後死ぬまでの40年で150余編の童話を書いた。グリムと童話文学の始祖として並び称されるが、グリムと違い、創作童話の多さが特徴的である。代表作は「人魚姫」「みにくいアヒルの子」「マッチ売りの少女」など。

ヴィルヘルム・カール・グリム

ドイツの言語学者・文学者、並びに童話・伝承の収集者。彼の生涯と業績は、兄のヤーコプ・グリムと密接に関係し、しばしば2人あわせてグリム兄弟の『グリム童話集』の編集者として語られることが多い。代表作は「赤ずきん」「白雪姫」「ブレーメンの音楽隊」など。

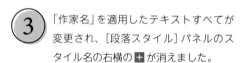
[段落]パネルの ≡ をクリックし❶、表示されるパネルメニューから[スタイルを再定義]をクリックします❷。

③「作家名」を適用したテキストすべてが変更され、[段落スタイル]パネルのスタイル名の右横の ➕ が消えました。

💡 選択したテキストを登録したスタイルに合わせる方法は、目的に応じて使い分けましょう。文字属性のオーバーライドのみ消去するには、Ctrl（command）を押しながら[選択範囲のオーバーライドを消去] をクリックします。段落属性のオーバーライドのみ消去するには、Ctrl（command）+ Shift を押しながら[選択範囲のオーバーライドを消去] をクリックします。

💡 [スタイルオーバーライドハイライター] をクリックすると、オーバーライドの箇所をハイライト（強調表示）できます。[文字スタイル]パネルにもあります。

ハンス・クリスチャン・アンデルセン

デンマークの国民的文学者。『童話集』を発表し、以後死ぬまでの40年で150余編の童話を書いた。グリムと童話文学の始祖として並び称されるが、グリムと違い、創作童話の多さが特徴的である。代表作は「人魚姫」「みにくいアヒルの子」「マッチ売りの少女」など。

ヴィルヘルム・カール・グリム

「作家名」を適用したテキストが変更された

ドイツの言語学者・文学者、並びに童話・伝承の収集者。彼の生涯と業績は、兄のヤーコプ・グリムと密接に関係し、しばしば2人あわせてグリム兄弟の『グリム童話集』の編集者として語られることが多い。代表作は「赤ずきん」「白雪姫」「ブレーメンの音楽隊」など。

文字スタイルを活用しよう

使用頻度が高い書式の設定は、文字スタイルとして登録すると、効率的に作業ができます。
作成・活用方法は、段落スタイルと同様です。

文字スタイルを作成して活用する

① メニューバーの［ウィンドウ］をクリックし❶、［スタイル］→［文字スタイル］をクリックして❷、［文字スタイル］パネルを表示します。

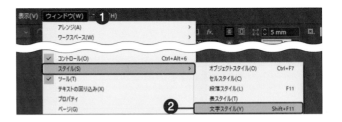

② Alt（option）を押しながら［文字スタイル］パネルの［新規文字スタイルを作成］🔲 をクリックし❶、［新規文字スタイル］ダイアログボックスを表示します。［スタイル名］に名前を入力し（ここでは「作品名」）❷、左側のリストの［文字カラー］をクリックし❸、カラーを設定します（ここでは「C＝100 M＝90 Y＝10 K＝0」）❹。［CCライブラリに追加］のチェックを外し❺、［OK］をクリックします❻。

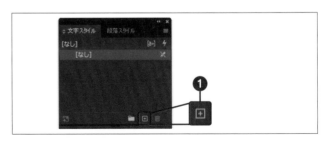

💡 ［CCライブラリに追加］のチェックを入れると、作成した文字スタイルは、［CCライブラリ］パネルに追加され、Adobe Creative Cloud のさまざまなソフトと連携して使用できるようになります。

💡 カラーボックスをダブルクリックして［新規カラースウォッチ］ダイアログボックスを表示し、カラーを作成することもできます（117ページ参照）。

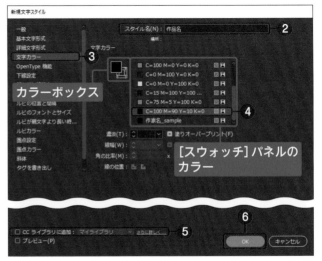

カラーボックス

[スウォッチ] パネルのカラー

3

文字スタイル [作品名] ができました。
作品名にあたるテキストを選択し❶、
スタイル名をクリックすると❷、同じ
書式が適用されます。

文字スタイルを削除する

不要になった文字スタイルは削除できます。[文字スタイル] パ
ネルで削除したい文字スタイルを選択し❶、[選択したスタイル
/グループを削除] 🗑 をクリックします❷。表示される[文字ス
タイルを削除] ダイアログボックスで、置換するほかの文字スタ
イルを指定したり❸、[フォーマットを保持] にチェックを入れ
て、適用済みの書式を保持するかを設定できます❹。設定後、
[OK] をクリックします❺。

文字スタイルと段落スタイルが競合する場合

段落スタイルは、文字・段落（[文字] パネル・[段落] パネル）に
関する設定を登録できるのに対し、文字スタイルは、文字（[文字]
パネル）に関する設定のみ登録できます。中には、文字カラーの
ように、両方のスタイルに登録できる属性があります。
段落スタイルを適用したテキストの一部に、文字スタイルを重
ねて適用することはできます。しかし、両方のスタイルに登録
できる属性がある場合、重ねて適用すると、属性が競合するこ
とになります。その場合、文字スタイルの設定の方が優先され
ます。

さまざまな字間調整機能

InDesignには、さまざまな字間調整の機能が用意されています。[コントロール]パネルや[文字]パネルを見てみましょう。

■カーニング（特定の字間調整）

[和文等幅]
和文はベタ組み、ペアカーニング情報を持つ欧文はメトリクスで文字を組みます。

[オプティカル]
文字の形状に基づいて字間を調整する自動カーニングです。欧文に最適化されていますが、横組みの和文にも使用できます。最小限のカーニングしか定義されていない、もしくは、まったくカーニングが定義されていないフォントを使用する場合や、1行内に異なるフォントやサイズを使用している場合、オプティカルを使用してカーニングを調整します。

[メトリクス]
フォントが持つペアカーニング情報を使って字間を調整する自動カーニングです。ペアカーニングとは、特定の文字の組み合わせ（ペア）のアキ情報のことです。ペアの例としては、LA、P.、To、Tr、Ta、Tu、Te、Ty、Wa、WA、We、Wo、Ya、Yo などがあります。ペアカーニング情報を持つ和文でも調整されます。

■OpenType機能のプロポーショナルメトリクス
OpenTypeフォントが持つツメ情報をもとに字間を調整します。日本語OpenTypeフォントで使用すると、手動カーニングによる不要な調整を避けることができます。

■文字ツメ
文字の前後を詰めます。0〜100%で指定し、数値が大きいほど字間が詰まります。

■文字前のアキ／文字後のアキ
文字の前／文字の後にアキを入れて調整します。
二分は全角の1/2（半角）、四分は全角の1/4、二分四分は全角の3/4になります。自動は［文字組み］（251ページ参照）の設定によりアキを調整します。

■カーニング［和文等幅］

■カーニング［オプティカル］

■カーニング［メトリクス］

■OpenType機能のプロポーショナルメトリクス

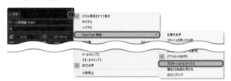

■文字ツメ（50%）

■文字前のアキ／文字後のアキ（四分）

基礎編

オブジェクトの基本
操作を身に付けよう

ここでは、オブジェクトの基本操作を確認しましょう。図形の描画
や画像の配置は、グラフィックを作成するうえで基本となるもので
す。InDesignで描画するオブジェクトの構造を理解し、効率的に操
作できるようになりましょう。

この章で学ぶこと

オブジェクトの構造を理解し効率よく操作しよう

InDesignで扱うオブジェクトの構造

InDesignで扱うオブジェクトは、入れ物にあたるフレーム（コンテナともいいます）の中に内容を入れるしくみになっています。

オブジェクトの属性は3つあり、画像を配置する場合、グラフィックのフレームを作成し、その中に画像を入れます。テキストを入力する場合、テキストのフレームを作成し、その中にテキストを入れます。長方形や楕円形などの図形の場合は、割り当てなしといいます。

ツールパネルには属性に合わせた専用のツールがありますが、フレームの中に何も入っていない状態であれば、属性を変更できます。フレームを選択し、メニューバーの[オブジェクト]をクリックし、[オブジェクトの属性]から、変更したい属性をクリックします。フレームの中の内容が確定している場合は、属性を変更できません。

📖 オブジェクトの属性には3つある

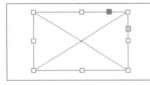
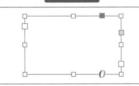

フレームはパスでできている

フレームは、点（アンカーポイント）と線（セグメント）の集まりであるパスでできています。パスの形状は、[ダイレクト選択]ツールを使って、柔軟に変えることができます。たとえば、固有の形のフレームを作成した

い場合、図形を変形したり、[ペン]ツールで自由度の高いパスを描画したりした後に、オブジェクトの属性を「フレーム」に変更すれば、固有のグラフィックフレームを作成できます。

📖 長方形のフレームを編集して、台形のフレームにした

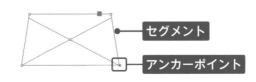

図形の描画

ツールパネルの [長方形] ツールを長押しすると❶、図形を描画する [長方形] ツール、[楕円形] ツール、[多角形] ツールが表示されます。また、線を描画する [線] ツールがあります❷。パスには、始点と終点が同じ位置にあるクローズパスと、始点と終点が異なる位置にあるオープンパスの2種類があります。パスの内面を塗り、輪郭線を線といいます。長方形のようなクローズパスには、塗りと線の両方を割り当ててもよいし、どちらかだけでもかまいません。直線のようなオープンパスには内面がないので、通常、塗りは「なし（透明）」にします。

📖 クローズパスは塗りと線の両方を割り当てることができ、オープンパスは塗りはなし（透明）

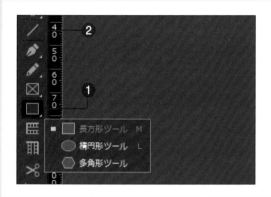
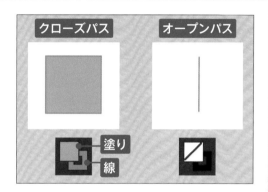

画像の配置

InDesignで作成したドキュメントに、Photoshopで作成したビットマップ（ラスター）画像やIllustratorで作成したベクトル（ベクター）画像を配置できます。PSD、AI、EPS、TIFF、PDFなどのファイル形式や、CMYK、RGB、グレースケールなどのカラーモードに対応しています。配置した画像は、後からサイズの変更やトリミングを行えます。

📖 配置した画像は後からサイズやトリミングを変更できる

オブジェクトを選択しよう

オブジェクトとは、ドキュメントに描画した図形や、配置した画像のことです。
配色や変形などの操作を行うには、対象となるオブジェクトを選択する必要があります。

オブジェクトを選択する

① ツールパネルで [選択] ツールをクリックします❶。

② オブジェクトにマウスポインターを合わせ、クリックします❶。

③ クリックしたオブジェクトが選択されました。オブジェクトのフレームの境界線のカラーは、レイヤーに割り当てられたカラーになります（59ページ参照）。

オブジェクトが選択された

④ Shift を押しながら別のオブジェクトをクリックすると❶、オブジェクトが追加で選択されます。

追加で選択された

すべてのオブジェクトを選択する

(1) メニューバーの [編集] をクリックし❶、[すべてを選択] をクリックします❷。

[編集] → [すべてを選択]
`Ctrl`（`command`）＋`A`

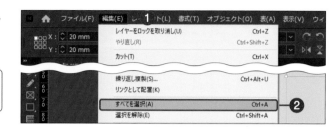

(2) ロックされていないすべてのオブジェクト（ここでは [背景] レイヤーにある地色の長方形以外）が選択されました。

動かしたくないオブジェクトを個別にロック（固定）するには、オブジェクトを選択し、メニューバーの [オブジェクト] → [ロック] をクリックします。ロックを解除するには、メニューバーの [オブジェクト] → [スプレッド上のすべてをロック解除] をクリックします。

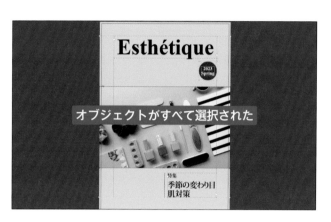

オブジェクトの選択を解除する

(1) オブジェクトの選択を解除するには、何もない箇所をクリックします❶。

メニューバーの [編集] をクリックし、[選択を解除] をクリックしても、選択を解除できます。

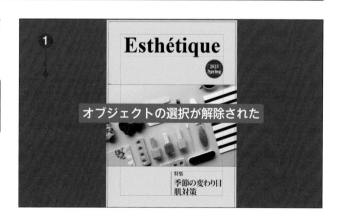

複数のオブジェクトを囲んで選択する

複数のオブジェクトを選択する際、`Shift` を押しながらクリックして選択する以外に、選択したい複数のオブジェクトを囲むようにドラッグして選択することもできます。

オブジェクトを移動・コピーしよう

選択したオブジェクトは、移動やコピーが行えます。ドラッグしたり、[移動] ダイアログ
ボックスで数値を指定したり、矢印キーを使ったりといろいろな方法があります。

オブジェクトをドラッグして移動・コピーする

① ツールパネルで［選択］ツールをクリックします❶。

② 移動したいオブジェクトを選択してドラッグします❶。

💡 Shift を押しながらドラッグすると、移動方向が水平・垂直・斜め45°に制限され、まっすぐ移動できます。

③ オブジェクトを移動できました。

💡 Alt （ option ）を押しながらドラッグすると、移動ではなく、コピーになります。

✏️ スマートガイドを移動位置の目安にする

オブジェクトをドラッグすると、別のオブジェクトの中心やエッジ（端）を示すスマートガイドが表示されるので、移動位置の目安にできます。

移動ダイアログボックスで数値を指定して移動・コピーする

① オブジェクトをクリックし**①**、ツールパネルの[選択]ツールをダブルクリックして**②**、[移動]ダイアログボックスを表示します。

② [水平方向]と[垂直方向]に数値を入力すると**①**、[距離]と[角度]が自動で計算されます。[プレビュー]をクリックしてチェックを入れ**②**、どのように移動するかを確認したら、[OK]をクリックして確定します**③**。

💡 [プレビュー]は、[OK]をクリックして確定する前に、確定後の状態を確認できる機能です。ほかのダイアログボックスにもあります。

③ オブジェクトを移動できました。[水平方向]に正の値を入れると右方向に、負の値を入れると左方向に、[垂直方向]に正の値を入れると下方向に、負の値を入れると上方向に移動します。

💡 手順②で[OK]の代わりに[コピー]をクリックすると、移動ではなく、コピーになります。

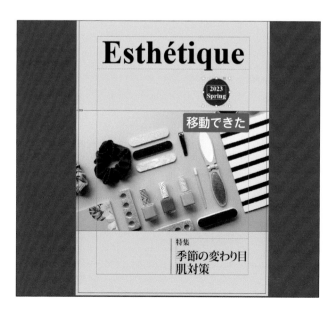

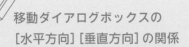

移動ダイアログボックスの [水平方向] [垂直方向] の関係

[移動] ダイアログボックスの [位置] の [水平方向] に正の値を入れると右方向に、負の値を入れると左方向に移動します。また、[垂直方向] に正の値を入れると下方向に、負の値を入れると上方向に移動します。[距離] と [角度] は自動計算されるので、入力の必要はありません。

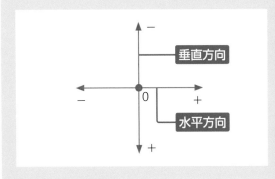

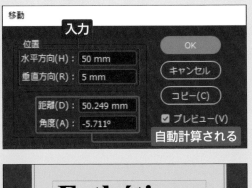

矢印キーを使って移動・コピーする

① オブジェクトをクリックし❶、矢印キー ←→↑↓のいずれかを押すと（ここでは、→を押して右へ移動）、オブジェクトがその方向に移動します。

② 矢印キー←→↑↓を1回押したときの移動距離を確認しましょう。メニューバーの [編集]（Macは [InDesign]）をクリックして❶、[環境設定] → [単位と増減値] をクリックし❷、[環境設定] ダイアログボックスを表示します。

[環境設定] ダイアログボックスの表示
Ctrl (command) + K

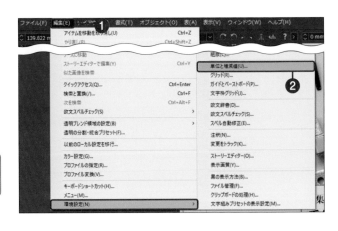

③ [キーボード増減値] の [カーソルキー] の値が、矢印キー ←→↑↓ を1回押したときの移動距離になります。初期設定値は「0.25㎜」なので、ほんのちょっとだけ移動していたことになります。[キー入力] に大きな値（ここでは「30㎜」）を入力し❶、[OK] をクリックします❷。

💡 0.25㎜＝1Q＝1Hになります（23ページ参照）。

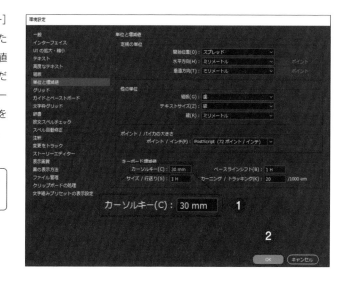

④ オブジェクトをクリックし❶、矢印キー ←→↑↓ のいずれかを押すと、[キー入力] の値を変更する前より、オブジェクトが遠くに移動しました。

💡 Alt（option）を押しながら矢印キー ←→↑↓ を押すと、移動ではなく、コピーになります。[カーソルキー] の値が大きくないと結果はわかりにくいので、注意が必要です。

✏️ コントロールパネルの座標を使って移動する

コントロールパネルの座標（[X位置] [Y位置]）を使って、オブジェクトを移動することもできます。
原点（[X位置] [Y位置] ともに0）は、初期設定でスプレッド（単ページの場合はページ）の左上です。[X位置] に正の値を入れると右方向に、負の値を入れると左方向に、[Y位置] に正の値を入れると下方向に、負の値を入れると上方向に移動します。
[選択] ツールでオブジェクトをクリックし、コントロールパネルの [基準点] のいずれかの四角をクリックします。オブジェクトのどこを基準に移動するかを示す基準点を指定して [X位置] [Y位置] に数値を入力し❶、Enter（return）を押して確定すると、指定した位置にオブジェクトが移動します。
また、InDesignには数値ボックスが多くありますが、四則演算が使えるので便利です。数値に続けて、右表の記号を入力して確定すると❷、自動で計算されます。

+	足し算（例：20+10＝30）
-	引き算（例：20-10＝10）
*	掛け算（例：20*2＝40）
/	割り算（例：20/2＝10）

オブジェクトを変形しよう

バウンディングボックスを使うと、オブジェクトを手軽に拡大・縮小したり、回転したりできます。
また、コントロールパネルには、変形に関する設定が用意されています。

バウンディングボックスを使って変形する

1 [選択]ツールでオブジェクトをクリックすると①、バウンディングボックスが表示されます。周辺の8つの白い四角をハンドルといいます。

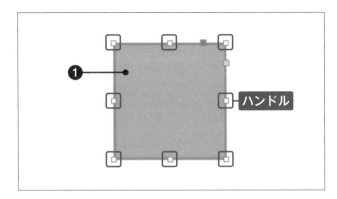

2 コーナーハンドル（四隅の四角）にマウスポインターを合わせ、アイコンが ↗ に変わったらドラッグすると①、オブジェクトを拡大・縮小できます。[Shift]を押しながらドラッグすると、縦横比を固定したまま拡大・縮小できます。また、サイドハンドル（辺の四角）をドラッグすると、幅や高さを調整できます。

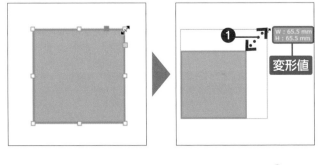

3 コーナーハンドルの横にマウスポインターを合わせ、アイコンが ↻ に変わったらドラッグすると①、回転できます。

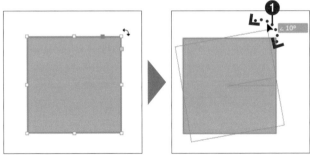

4 オブジェクトを変形できました。変形に応じて、コントロールパネルには、[W]：幅、[H]：高さ、回転角度 ◢ が表示されます。

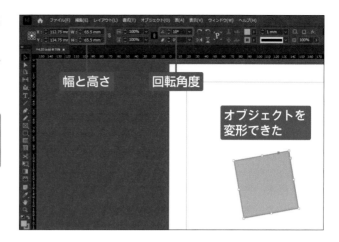

幅と高さ　　回転角度

オブジェクトを変形できた

各数値ボックスに直接数値を入力して、サイズや角度を変えたり、元に戻したりすることもできます。

 グラフィックやテキストの変形

ここでは、図形（割り当てなし）に対して変形しましたが、グラフィックやテキストも同様に変形できます。ただし、ここで解説した方法でグラフィックやテキストを変形すると、フレームのみの変形になり、内容（画像やテキスト）の変形にならないので注意しましょう。画像を調整する方法は120ページを、テキストサイズを編集する方法は73ページを参照してください。

フレームのみの変形になる

 変形パネルを使った変形

[変形] パネルを使っても、オブジェクトを変形できます。メニューバーの [ウィンドウ] をクリックし、[オブジェクトとレイアウト] → [変形] をクリックして [変形] パネルを表示します。設定は、コントロールパネルと同様で、コントロールパネルと [変形] パネルの数値は連動します。■ をクリックして表示されるパネルメニューの設定により、変形の結果が変わります。

線幅や効果に関する設定

 変形系ツールを使った変形

オブジェクトを変形するツールには、[自由変形] ツール、[回転] ツール、[拡大 / 縮小] ツール、[シアー] ツールがあります。本書では主に、バウンディングボックスやコントロールパネルを使って変形するため、これらのツールは使いませんが、コントロールパネルの変形機能と対応しているため、あわせて確認しておきましょう。

オブジェクトを整列しよう

[整列] パネルを使うと、複数のオブジェクトを整列したり、等間隔に分布したりできます。
ページやマージンに整列することもできます。

オブジェクトをページに整列する

1 メニューバーの [ウィンドウ] をクリックし❶、[オブジェクトとレイアウト] → [整列] をクリックします❷。

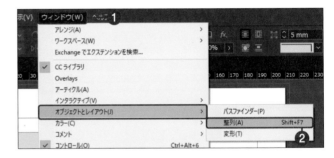

2 [整列] パネルが表示されました。オプションが表示されていない場合は、■ をクリックしてパネルメニューを表示し❶、[オプションを表示] をクリックして❷、すべての設定を表示します。

3 [選択] ツールでオブジェクトをクリックし❶、[整列] の [ページに揃える] をクリックします❷。

💡 [ページに揃える] は、オブジェクトをページ内で整列します。[スプレッドに揃える] は、スプレッド (見開き) 内で整列し、[マージンに揃える] はマージンガイド内で整列します。

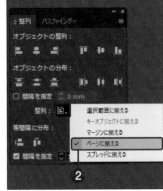

④ [オブジェクトの整列] で整列方法を設定します。オブジェクトをページの中央に整列するには、[水平方向中央に整列] 〓 をクリックし❶、と[垂直方向中央に整列] 〓 をクリックします❷。

⑤ オブジェクトがページに整列されました。

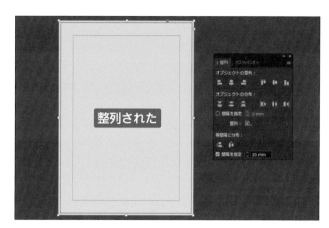

オブジェクトをキーオブジェクトに整列する

① 92ページを参考に、整列したいオブジェクトをすべて選択し❶、整列の基準にしたいオブジェクト（キーオブジェクト）を最後にクリックします❷。キーオブジェクトは、強調表示されます。

💡 キーオブジェクトとは、整列の基準となるオブジェクトです。選択中のオブジェクトのうち、基準にしたいオブジェクトを最後にクリックすると、キーオブジェクトになり、[整列] パネルの [整列] は、[キーオブジェクトに揃える] 〓 になります。

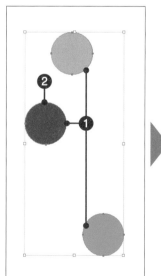
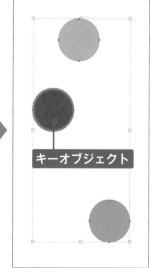

キーオブジェクト

② ［オブジェクトの整列］で整列方法を設定します。キーオブジェクトの左に整列するには、［水平方向左に整列］■をクリックします❶。

③ キーオブジェクトに左揃えで整列されました。

💡 手順①でキーオブジェクトを設定せずに、［整列］パネルの［整列］で［選択範囲に揃える］■を選択して整列する（下の手順①を参照）と、選択したオブジェクト内で、指定した整列方法で整列します。

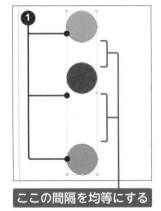
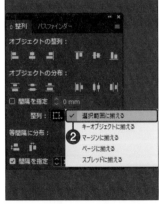

キーオブジェクトに左揃えで整列された

選択したオブジェクト内でオブジェクトを等間隔に分布する

① ［選択］ツールで等間隔に分布したいオブジェクトをすべて選択し❶、［整列］の［選択範囲に揃える］■をクリックします❷。

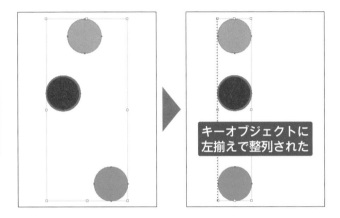

ここの間隔を均等にする

② ［オブジェクトの分布］で分布方法を設定します。［垂直方向中央に分布］■をクリックします❶。

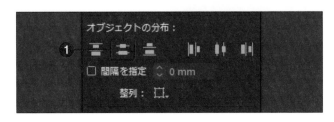

③ 中央のピンクの円が下に移動し、オブ
ジェクトが等間隔に分布されました。

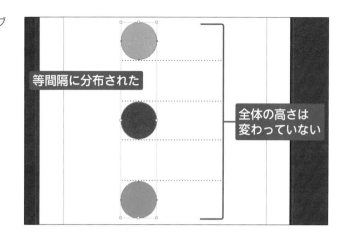

全体の高さは
変わっていない

等間隔に分布された

数値を指定してオブジェクトを等間隔に分布する

① 92ページを参考に分布するオブジェク
トをすべて選択し❶、分布の基準にし
たいオブジェクト（キーオブジェクト）
を最後にクリックします❷。キーオブ
ジェクトは、強調表示されます。

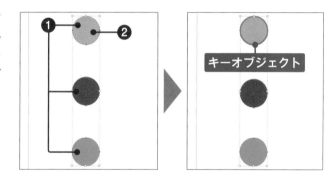

キーオブジェクト

② [等間隔に分布]で間隔の数値を入力し
（ここでは「10mm」）❶、分布方法を設
定します。[垂直方向等間隔に分布] ⬛
をクリックします❷。

③ キーオブジェクトを基準に、指定した間
隔に分布されました。

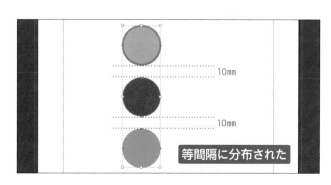

10mm

10mm

等間隔に分布された

図形を描画しよう

長方形、楕円形、多角形の描き方を確認しましょう。
描画した長方形は、ライブコーナーの機能を使って角丸長方形にできます。

長方形を描画する

1 ツールパネルから［長方形］ツールをクリックします❶。

2 斜め方向にドラッグし❶、長方形を描画します。

長方形が描画できた

3 Shift を押しながらドラッグすると❶、縦横比を固定して描画できます。これにより、正方形になります。

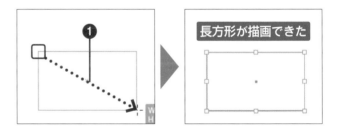

正方形が描画できた

4 Alt （ option ）を押しながらドラッグすると❶、周囲に広がる形で中心から描画できます。

Shift を組み合わせると、中心から正方形が描けます。

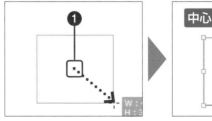

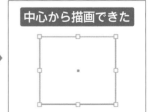

中心から描画できた

⑤ 画面上をクリックし、[長方形] ダイアログボックスを表示します。[幅][高さ]に数値を入力し❶、[OK] をクリックすると❷、指定した大きさの長方形が描けます。

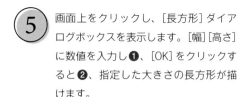
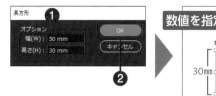

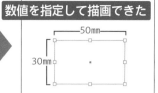
数値を指定して描画できた

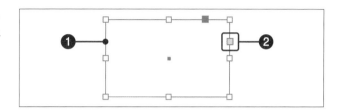

ライブコーナーの機能を使って長方形を角丸長方形にする

① [選択] ツールで長方形を選択すると❶、フレームの右上に黄色い四角が表示されるので、クリックします❷。

② ライブコーナーモードになり、コーナーハンドルが黄色い菱形になります。いずれかの菱形を中心に向かってドラッグすると❶、すべての角が角丸になります。

 Shift を押しながらドラッグすると、個別に角を編集できます。

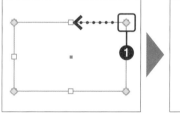

角丸になった

③ 菱形を Alt (option) を押しながらクリックするごとに❶、角のシェイプの種類が切り替わります。ライブコーナーモードを終了するには、オブジェクトの外側をクリックします❷。

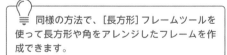 同様の方法で、[長方形] フレームツールを使って長方形や角をアレンジしたフレームを作成できます。

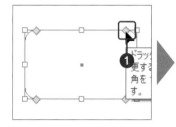

編集できた

✏️ コーナーオプション

コーナーオプションの機能を使っても、長方形を角丸長方形にできます。長方形を選択し、メニューバーの [オブジェクト] をクリックします❶。[コーナーオプション] をクリックし❷、表示される [コーナーオプション] ダイアログボックスで、角のサイズとシェイプを設定します。

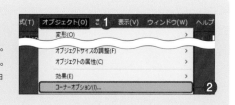

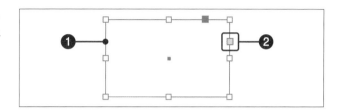

4

オブジェクトの基本操作を身に付けよう

基礎編

105

楕円形を描画する

 ツールパネルから［長方形］ツールを長押しし❶、［楕円形］ツールをクリックします❷。斜め方向にドラッグし❸、楕円形を描画します。

💡 不要になった図形は、クリックして選択し、Back space（delete）を押して削除しましょう。

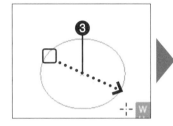

 楕円形が描画できた

② Shift を押しながらドラッグすると❶、縦横比を固定して描画できます。これにより、正円になります。

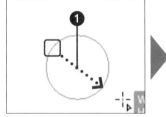

 正円が描画できた

③ Alt（option）を押しながらドラッグすると❶、周囲に広がる形で中心から描画できます。

💡 さらに Shift を組み合わせると、中心から正円が描けます。

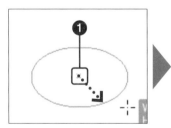

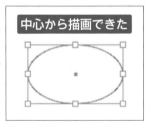 中心から描画できた

④ 画面上をクリックし、［楕円形］ダイアログボックスを表示します。［幅］［高さ］に数値を入力し❶、［OK］をクリックすると❷、指定した数値の楕円形が描けます。

💡 同様の方法で、［楕円形］フレームツールを使って楕円形のフレームを作成できます。

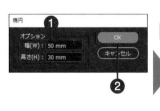

 数値を指定して描画できた

多角形を描画する

① ツールパネルから［長方形］ツールを長押しし❶、［多角形］ツールをクリックします❷。

② 斜め方向にドラッグし❶、多角形を描画します。

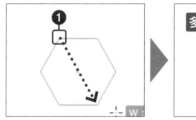

多角形が描画できた

③ Shift を押しながらドラッグすると❶、縦横比を固定して描画できます。これにより、正多角形になります。

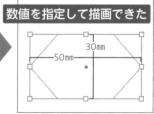

多角形が描画できた

④ 画面上をクリックし、［多角形］ダイアログボックスを表示します。［多角形の幅］［多角形の高さ］［頂点の数］［星型の比率］に数値を入力し❶、［OK］をクリックすると❷、指定した数値の多角形が描けます。

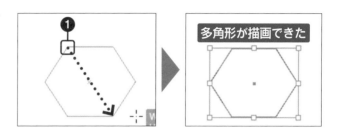

数値を指定して描画できた

💡 同様の方法で、［多角形］フレームツールを使って多角形のフレームを作成できます。

 星を描画する

［多角形］ダイアログボックスの［星型の比率］に数値を指定すると、星を描画できます。「0%」で多角形で、数値を上げるほど多角形から遠ざかり、鋭い星の形になります。「100%」で放射状になります。

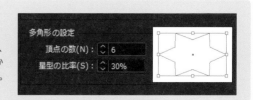

基礎編

直線を描画しよう

線の基本的な描き方を確認しましょう。
[線] パネルを使うと、さまざまな線の設定ができます。

線ツールで直線を描画する

① ツールパネルから [線] ツールをクリックします❶。

② ドラッグし❶、直線を描画します。

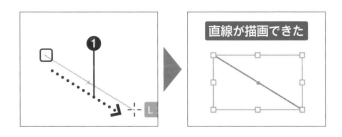

③ Shift を押しながら横方向にドラッグすると❶、水平に描画できます。Shift を押しながら縦方向にドラッグすると、垂直に描画できます。

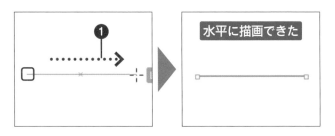

④ Alt (option) を押しながらドラッグすると❶、ドラッグした箇所を中心に、2方向に伸びる形で直線を描画できます。

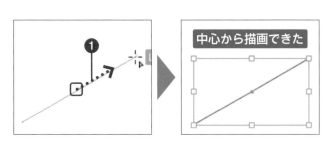

⑤ 線を描画後、コントロールパネルの [L]（線の長さ）に数値を入力すると❶、長さを変更できます。

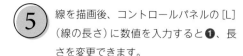

50mm

長さを変更できた

線パネルで線の設定をする

① メニューバーの [ウィンドウ] をクリックし❶、[線] をクリックして❷、[線]パネルを表示します。

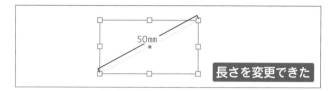

② [線] パネルが表示されました。

[線]パネルが表示された

💡 オプションが表示されていない場合は、■をクリックして、パネルメニューを表示し、[オプションを表示] をクリックして、すべての設定を表示します。

③ [選択] ツールで描画した線をクリックし❶、[線幅] の ▲ をクリックして❷、1㎜ずつ数値を増減し、線の太さを調整します。

💡 数値ボックスに数値を入力したり、▼ をクリックして表示されるリストから選択して、線幅を指定することもできます。

💡 直線はオープンパス（91ページ参照）なので、通常、塗りは「なし（透明）」にします。

数値を入力

線が太くなった

クリックして太さを選択

塗りと線を設定しよう

パスの内面を「塗り」、輪郭線を「線」といいます。ここでは、塗りボックスと線ボックスの
前後や色を入れ替えたり、塗りと線を初期設定の状態に戻したりする基本操作を確認しましょう。

塗りボックスと線ボックスの前後を入れ替える

1 オブジェクトを選択し❶、ツールパネルの塗りボックスもしくは線ボックスをクリックします❷。

💡 [X]を押しても、塗りと線の前後を入れ替えることができます。

2 塗りと線の前後が入れ替わりました。

塗りと線の前後が入れ替わった

✏️ **テキストに色を適用する**

[選択]ツールでオブジェクトを選択すると、フレームの塗りや線に色を適用できます。そのため、テキストフレームのテキストに色を適用する場合は、テキストを設定対象にする必要があります。フレームを選択した状態で[J]を押すと、テキストを設定対象に切り替えることができます。

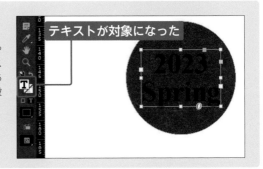

テキストが対象になった

塗りと線の色を入れ替える

1 オブジェクトを選択し❶、ツールパネルの［塗りと線を入れ替え］ 🔄 をクリックします❷。

💡 Shift + X を押しても、塗りと線の色を入れ替えることができます。

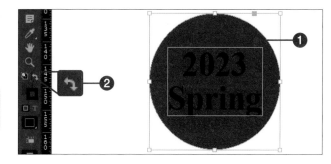

2 塗りと線の色が入れ替わりました。

💡 円の塗りが黒になったため、前面のテキストは見えなくなります。

塗りと線の色が入れ替わった

塗りと線を初期設定の状態に戻す

1 オブジェクトを選択し❶、ツールパネルの［初期設定の塗りと線］ 🔳 をクリックします❷。

💡 D を押しても、初期設定の状態に戻せます。

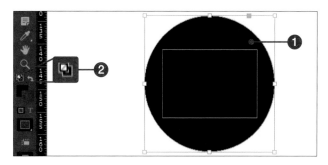

2 塗りと線が初期設定の状態に戻りました。

💡 初期設定では、塗りはなし、線は黒になります。

塗りと線が初期設定の状態に戻った

カラーを作成・活用しよう

［カラー］パネルを使うと、任意のカラーを作成できます。
作成したカラーは、［スウォッチ］パネルに追加して活用できます。

カラーパネルで任意のカラーを作成する

①
メニューバーの［ウィンドウ］をクリックし❶、［カラー］→［カラー］をクリックして❷、カラーパネルを表示します。

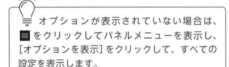

💡 オプションが表示されていない場合は、■をクリックしてパネルメニューを表示し、［オプションを表示］をクリックして、すべての設定を表示します。

💡 塗りが前面で「なし」の場合、[C] [M] [Y] [K]の各数値ボックスは空になっています。

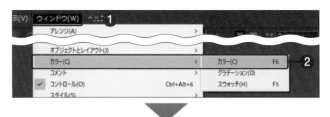

②
オブジェクトを選択し❶、塗りを前面にします❷。■をクリックしてパネルメニューを表示し❸、[CMYK]をクリックします❹。表示が切り替わったら、カラースペクトル（カラー分布のバー）上にマウスポインターを合わせ、スポイトアイコン🖊️が表示されたらクリックします❺。

💡 オブジェクトを選択しなくてもカラーの作成はできますが、オブジェクトを選択して、塗りを前面にしておくと、作成したカラーのイメージがつかみやすくなります。

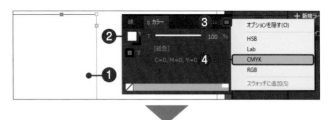

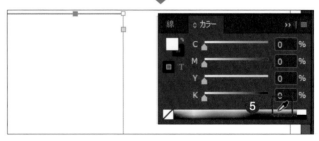

③ 選択したカラーの値を取得し、任意のカラーが作成され、オブジェクトに適用されました。微調整が必要であれば、各数値ボックスに数値を入力するか❶、スライダーをドラッグして❷、調整します（ここでは、[C][K]を「0%」、[M][Y]を「20%」にします）。

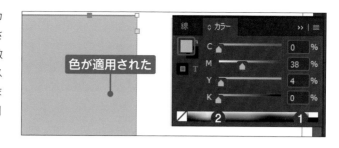

④ 作成したカラーの使用頻度が高い場合は、[スウォッチ]パネルに追加すると便利に活用できます。■をクリックしてパネルメニューを表示し❶、[スウォッチに追加]をクリックします❷。

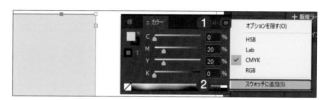

⑤ [スウォッチ]パネルにカラーが追加されました。[カラー]パネルには、カラー値の名前が表示され、スライダーは[T]1つになります。ほかのオブジェクトを選択し、追加したスウォッチをクリックすると、同じカラーを適用できます。

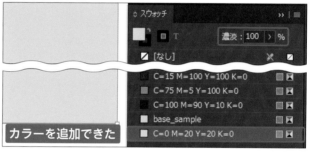

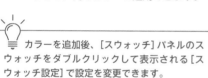

 カラーを追加後、[スウォッチ]パネルのスウォッチをダブルクリックして表示される[スウォッチ設定]で設定を変更できます。

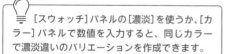 [スウォッチ]パネルの[濃淡]を使うか、[カラー]パネルで数値を入力すると、同じカラーで濃淡違いのバリエーションを作成できます。

✏ カラーモードとは

カラーモードとは、カラーの表現方法を定義するもので、制作物に応じて使い分けます。[カラー]パネルに表示されるカラーモードは、新規ドキュメント作成時に選択したドキュメントのカテゴリー（制作物のテーマ）に基づきます。
冊子印刷物を作成する場合は、C（シアン）・M（マゼンタ）・Y（イエロー）・K（ブラック）の4色を混ぜてカラーを作るCMYKカラーモードを使用します❶。各0〜100%の値を指定し、すべて100%で黒になります。減法混色ともいいます。
Webコンテンツを作成する場合は、R（レッド）・G（グリーン）・B（ブルー）の3色を混ぜてカラーを作るRGBカラーモードを使用します❷。各0〜255の値を指定し、すべて255で白になります。加法混色ともいいます。

4
オブジェクトの基本操作を身に付けよう

基礎編

グラデーションを作成・活用しよう

[グラデーション]パネルを使うと、任意のカラーでグラデーションを作ることができます。[分岐点]にカラーを指定し、[種類][角度][位置]などの設定を組み合わせ、グラデーションを作成します。

グラデーションパネルでグラデーションを作成する

① メニューバーの[ウィンドウ]をクリックし❶、[カラー]→[グラデーション]をクリックして❷、[グラデーション]パネルを表示します。

💡 オプションが表示されていない場合は、■をクリックしてパネルメニューを表示し、[オプションを表示]をクリックして、すべての設定を表示します。

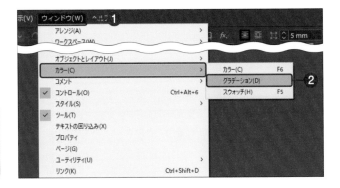

② オブジェクトをクリックし❶、[種類]の▼をクリックして表示されるリストから、グラデーションの種類を選択します(ここでは「線形」)❷。

💡 初期設定のグラデーションは白黒です。

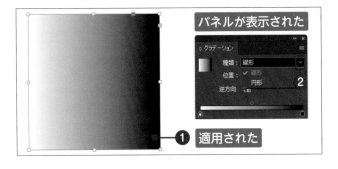

③ [角度]の数値ボックスに、グラデーションの角度(ここでは「90°」)を入力します❶。

💡 [種類]で円形を選択した場合、[角度]の設定はできません。

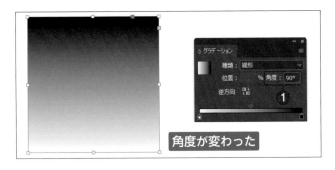

4 終了分岐点 ■ をクリックし❶、[カラー]パネルで任意のカラーを作成して指定します❷。

💡 分岐点を追加するには、グラデーションスライダーの下付近をクリックします。分岐点を削除するには、分岐点を選択し、パネルの外にドラッグ＆ドロップします。

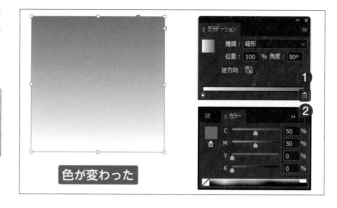

5 開始分岐点 ■ をドラッグし❶、グラデーションの配色バランスを調整します。連動して[位置]の数値が変わります。

6 作成したグラデーションの使用頻度が高い場合は、[スウォッチ]パネルに追加すると便利に活用できます。メニューバーの[ウィンドウ]をクリックし❶、[カラー]→[スウォッチ]をクリックして❷、[スウォッチ]パネルの ■ をクリックしてパネルメニューを表示し❸、[新規グラデーションスウォッチ]をクリックします❹。

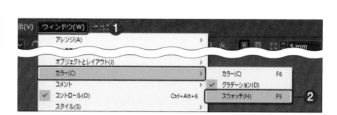

7 [新規グラデーションスウォッチ]ダイアログボックスが表示されます。[スウォッチ名]に名前を入力し(ここでは「背景用」)❶、[OK]をクリックします❷。ほかのオブジェクトを選択し、追加したスウォッチをクリックすると、同じグラデーションを適用できます。

オブジェクトスタイルを活用しよう

使用頻度が高いオブジェクトの設定は、オブジェクトスタイルとして保存すると、
ほかのオブジェクトに同じ設定を適用できるほか、修正時に一括更新できます。

オブジェクトスタイルを作成する

1 メニューバーの[ウィンドウ]をクリックし❶、[スタイル]をクリックして❷、[オブジェクトスタイル]パネルを表示します。

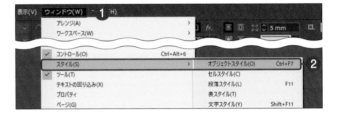

2 ここでは、「ドロップシャドウ」効果(195ページ参照)を適用したオブジェクトを、オブジェクトスタイルとして登録します。オブジェクトをクリックし❶、[Alt]([option])を押しながら[オブジェクトスタイル]パネルの[新規オブジェクトスタイルを作成]回をクリックします❷。

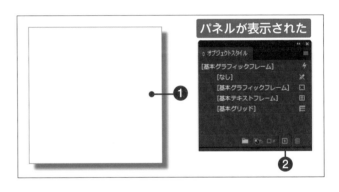

3 表示される[新規オブジェクトスタイル]ダイアログボックスの[スタイル名]に名前を入力し(ここでは「フレーム」)❶、[選択範囲にスタイルを適用]にチェックを入れ❷、[OK]をクリックします❸。

> [選択範囲にスタイルを適用]にチェックを入れると、オブジェクトスタイルを作成すると同時に、選択しているオブジェクトにオブジェクトスタイルを適用できます。

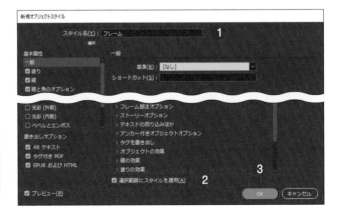

④ オブジェクトスタイル［フレーム］ができました。ほかのオブジェクトを選択し❶、スタイル名をクリックすると❷、同じ設定が適用されます。

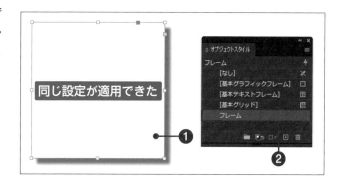

オブジェクトスタイルを編集する

① オブジェクトスタイルの設定を変更します。［オブジェクトスタイル］パネルの「フレーム」の名前をダブルクリックします❶。事前にオブジェクトを選択する必要はありません。

② ［オブジェクトスタイルオプション］ダイアログボックスが表示されます。左側のリストの［塗り］をクリックし❶、塗りのカラーを変更します❷。続いて、［ドロップシャドウ］のチェックを外します❸。［プレビュー］にチェックを入れると❹、「フレーム」を適用したオブジェクトが変更されることがプレビューできます。［OK］をクリックします❺。

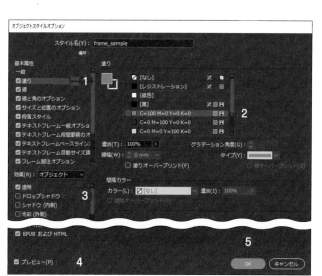

💡 塗りボックスをダブルクリックして［新規カラースウォッチ］ダイアログボックスを表示し、カラーを作成できます。作成したカラーは、［スウォッチ］パネルに追加されます。

③ 「フレーム」を適用したすべてのオブジェクトが変更されました。

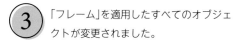

画像を配置しよう

InDesignで作成したドキュメントに、Photoshopで作成したビットマップ（ラスター）画像や
Illustratorで作成したベクトル（ベクター）画像を配置できます。

事前に作成したフレームの中に画像を配置する

① ツールパネルから［長方形フレーム］ツールをクリックします❶。

💡 ［長方形フレーム］ツール
F

② 画面上をクリックし❶、［長方形］ダイアログボックスを表示して数値を指定し（ここでは、［幅］：216㎜、［高さ］：130㎜）❷、［OK］をクリックして長方形のフレームを作成します❸。コントロールパネルで数値指定して（ここでは、基準点：左上、［X］：-3mm、［Y］：100mm）❹、フレームの位置を指定します。作成後、フレームの選択を解除します。

フレームができた

💡 長方形フレームの作成方法は、長方形の描画方法と同様です（104ページ参照）。

③ メニューバーの［ファイル］をクリックして❶、［配置］をクリックします❷。

💡 ［ファイル］→［配置］
Ctrl（command）+ D

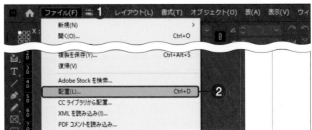

④ [配置] ダイアログボックスで配置した
い画像を選択します❶。ここではすべ
てのチェックを外し❷、[開く]をクリッ
クします❸。

💡 事前にフレームを作成し選択している場
合、[配置] ダイアログボックスの [選択アイテ
ムの置換] にチェックを入れて配置すると、選
択したフレームの中に画像が配置されます。フ
レームの中に画像がある場合は、置換されます。

⑤ 配置を促すアイコンが表示されるので、
フレーム上をクリックし❶、画像を配
置します。画像がフレームの中に原寸
（100%）で配置されます。フレームに対
して画像が大きい場合は、フレーム内に
すべてが表示されません。

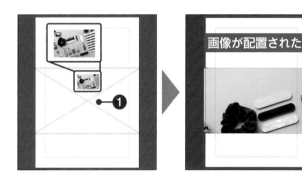

4
オブジェクトの基本操作を身に付けよう

事前にフレームを作成せずに画像を配置する

① 事前にフレームを作成せず、118ページ
の手順③④の操作を行って、配置する画
像を選択すると、カーソルに配置画像が
プレビューされます。

② クリックすると原寸（100%）で画像が配
置されます❶。ドラッグすると、ドラッ
グ範囲内に配置されます❷。どちらも
画像を配置すると同時に、フレームが同
時に作成され、その中に画像が配置され
ます。

💡 ドラッグすると、ドラッグ範囲内に配置さ
れますが、配置倍率に注意が必要です。配置倍
率は、[リンク] パネル（197ページ参照）で確認
できます。

基礎編

画像を調整しよう

配置した画像は、後からサイズやトリミングを調整できます。
画像の調整、フレームの調整、画像とフレームの両方の調整を確認しましょう。

画像を調整する

① 119ページで原寸（100%）で配置した画像の調整をしてみましょう。ツールパネルから［選択］ツールをクリックします**❶**。

② 画像にカーソルを合わせると、コンテンツグラバー（二重丸）が表示され、そこにカーソルを合わせると手のひらのアイコンに変わるので、クリックします**❶**。

③ フレームの中の画像が選択されました。画像の周りに表示されるバウンディングボックスのコーナーハンドルを Shift を押しながらドラッグすると**❶**、画像のサイズを調整できます。

Shift を押しながらコーナーハンドルをドラッグすることで、縦横比を固定できます。

④ コントロールパネルの［拡大/縮小 Xパーセント］と［拡大/縮小 Yパーセント］に配置倍率が表示されます。数値ボックスに数値を指定するか**❶**、 をクリックして、1%ずつ数値を増減すると**❷**、配置倍率を調整できます。

［拡大/縮小 Xパーセント］と［拡大/縮小 Yパーセント］の縦横比は固定されています。

⑤ 画像をドラッグすると❶、フレームの中に表示される画像の位置を調整できます。

⑥ 調整後、Escを押して完了します。

トリミングを調整した

フレームを調整する

① [選択]ツールでフレームをクリックして選択します❶。フレームの周りに表示されるバウンディングボックスのハンドルをドラッグすると❷、フレームのサイズを調整できます。ここでは、上中央のハンドルをドラッグし、高さを調整しました。

フレームの高さを調整した

画像とフレームの両方を調整する

① [選択]ツールでフレームをクリックして選択します❶。フレームの周りに表示されるバウンディングボックスのコーナーハンドルを Ctrl (command)と Shift を押しながらドラッグすると❷、画像とフレームの両方のサイズを調整できます。

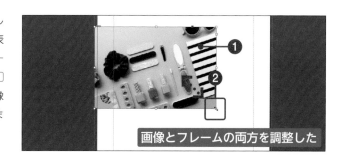

画像とフレームの両方を調整した

自動で画像をフレームに均等に流し込む

① [選択] ツールでオブジェクトを選択し
❶、メニューバーの [オブジェクト] を
クリックして❷、[オブジェクトサイズ
の調整] → [フレームに均等に流し込む]
をクリックします❸。

② 画像の縦横比を保持しながら、画像のサ
イズがフレームに合わせて調整されまし
た。フレームのサイズは変更されません。

💡 画像とフレームの縦横比率が異なる場合に
は、画像の一部がフレームによってトリミング
されます。

画像がフレームに均等に流し込まれた

自動で画像を縦横比率に応じて合わせる

① [選択] ツールでオブジェクトを選択し
❶、メニューバーの [オブジェクト] を
クリックし❷、[オブジェクトサイズの
調整] → [内容を縦横比率に応じて合わ
せる] をクリックします❸。

② 画像の縦横比を保持しながら、画像のサ
イズがフレームに合わせて調整されまし
た。フレームのサイズは変更されません。

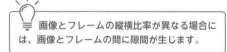

💡 画像とフレームの縦横比率が異なる場合に
は、画像とフレームの間に隙間が生じます。

隙間が生じる

画像が縦横比率に応じて合わさった

フレーム調整オプションを使用する

① 事前に作成した空のフレームに対して、調整方法を指定することができます。[選択]ツールでフレームを選択し**①**、メニューバーの[オブジェクト]をクリックして**②**、[オブジェクトサイズの調整]→[フレーム調整オプション]をクリックします**③**。

② [フレーム調整オプション]ダイアログボックスが表示されます。[自動調整]をクリックしてチェックを入れ**①**、[サイズ調整]で調整方法(ここでは[フレームに均等に流し込む])を設定ます**②**。[整列の開始位置]の四角をクリックして設定し(ここでは[中央])**③**、[OK]をクリックします**④**。

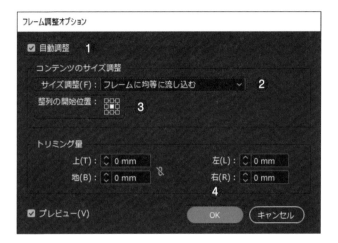

> 💡 [自動調整]にチェックを入れると、画像を配置後にサイズを変更する際、画像とフレームが一緒に変更されます。

③ フレームに画像を配置すると、[サイズ調整]で設定した調整方法に基づいて、画像が自動調整されます。

> 💡 フレームの設定を消去するには、メニューバーの[オブジェクト]をクリックし、[オブジェクトサイズの調整]→[フレーム調整オプションを消去]をクリックします。

画像が自動調整された

✏️ そのほかの調整方法

[内容を自動認識に応じて合わせる]は、ユーザーが望む結果を予想して、自動で画像のサイズや位置を調整する機能で、意図しない結果になることもあります。[フレームを内容に合わせる]は、画像を基準にするため、フレームサイズが変わります。[内容をフレームに合わせる]は、フレームを基準にするため、画像サイズが変わります。[内容を中央に揃える]は、画像をフレームの中央に揃えます。

基礎編

123

パスの描画

パスを描画するツールには、[長方形] ツール、[楕円形] ツール、[多角形] ツール、[線] ツールのほか、[ペン] ツールや [鉛筆] ツールがあります。本書では、これらの使い方の詳細は割愛していますが、Illustratorではおなじみのツールです。これらのパスの描画については、姉妹書の「今すぐ使えるかんたん Illustrator やさしい入門」を参考にしてください。

■[ペン] ツール

クリックしてアンカーポイントを作成し、つなげて直線を描くことができます。また、ドラッグしてアンカーポイントを作成し、つなげて曲線を描くことができます。曲線の形状は、アンカーポイントから出る方向線により決まります。オープンパスは、Ctrl（command）を押しながら何もないところをクリックして描画を終了します。クローズパスは、始点にマウスポインターを合わせて、終了マーク が出たらクリックして描画を終了します。

■[アンカーポイントの追加] ツール

パスをクリックして、アンカーポイントを追加します。

■[アンカーポイントの削除] ツール

アンカーポイントをクリックして、アンカーポイントを削除します。

■[アンカーポイントの切り替え] ツール

アンカーポイントには、スムーズポイントとコーナーポイントがあります。コーナーポイントをドラッグしてスムーズポイントに、スムーズポイントをクリックしてコーナーポイントにします。

■[鉛筆] ツール

フリーハンドでドラッグして、曲線を描くことができます。

■[スムーズ] ツール

パスをドラッグして、パスをなめらかにします。

■[消しゴム] ツール

パスをドラッグして、パスを消します。

■[ペン] ツールによる描画

コーナーポイント

方向線

スムーズポイント

■[鉛筆] ツールによる描画

Chapter

5

ファッション誌を
作成しよう

ここでは、ファッション誌の誌面を作りながら、ノンブルの作成方法や、画像の配置、テキストの入力など、基本的なレイアウトについて確認しましょう。

この章で学ぶこと

ファッション誌の誌面を作ってみよう

制作物のイメージ

本章では、ファッション誌の誌面を作りながら、ノンブルの作成方法や、画像の配置、テキストの入力など、基本的なレイアウトについて確認します。

一般的なファッション誌に見られる、ページ全面の角版画像や、リズミカルな切り抜き画像を配置してみましょう。

また、さまざまなテキストを組み合わせてレイアウトします。本章で作成するファッション誌の文字要素には、タイトル、サブタイトル、リード、キャプション見出し、キャプションがあります。各文字要素のサイズや太さにメリハリをつけることで、文字要素の役割が明確になり、読み手が迷いなく読み進めることができます。

STEP❶ ノンブルを作成する

新規ドキュメントを作成したら、まず、親ページを作成します。InDesignでは、親ページにノンブル（ページ番号）を作成すると、ドキュメントページでページ番号が

表示されます。
ページの増減や移動があっても、ドキュメントページでカウントされ、ページ管理が容易にできます。

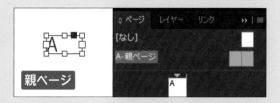

STEP❷ 画像を配置する

ページ全面の角版画像や、リズミカルな切り抜き画像を配置してみましょう。ページ全面に画像を配置する場合

は、裁ち落としの赤いガイドまで画像を配置する必要があります。

STEP❸ テキストを入力する

一般的なファッション誌には、キャプションが頻繁に出てきます。頻繁に出てくるキャプション見出しとキャプ

ションを段落スタイルとして登録し、ほかのテキストにすばやく同じ書式属性を適用して仕上げましょう。

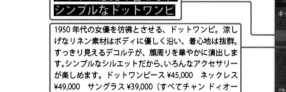

実践編

ドキュメントを作成しよう

ファッション誌のレイアウトをするドキュメントを作成します。
ここでは、雑誌で利用されるA4変形サイズ（232mm×297mm）でドキュメントを作成します。

新規ドキュメントを作成する

① メニューバーの［ファイル］をクリックし、［新規］→［ドキュメント］をクリックして［新規ドキュメント］ダイアログボックスを表示します（50ページ参照）。ドキュメントのカテゴリーでは、［印刷］をクリックし**①**、［プリセットの詳細］の一番上の欄にファイル名（ここでは「ファッション誌」）を入力します**②**。

② ［プリセット］の［すべてのプリセットを表示］をクリックし**①**、すべてのプリセットを表示します。スクロールバーを下にドラッグし**②**、「232mm×297mm」をクリックすると**③**、［幅］［高さ］に対応するサイズが自動で入力されます。ドキュメントの［方向］は縦置き**■**をクリックして**④**、［綴じ方］は右綴じ**■**を設定します**⑤**。

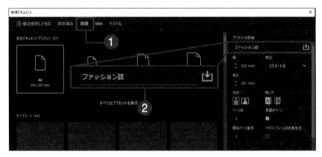

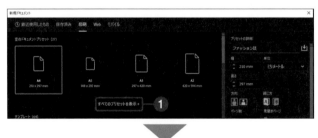

(3) ［ページ数］は「2」①、［開始ページ番号］は「1」を指定します②。見開きにするので［見開きページ］にチェックを入れ③、［テキストフレームの自動生成］のチェックは外します④。

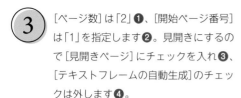
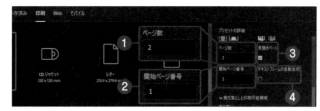

💡 ［開始ページ番号］は、後ほど変更します。ここでは「1」のままで構いません。

(4) ［裁ち落とし］は「3mm」①、［印刷可能領域］は「0mm」にします②。ドキュメントの種類で［マージン・段組］をクリックします③。

(5) ［新規マージン・段組］ダイアログボックスが表示されます。［マージン］の［ノド］は「20mm」、それ以外は「15mm」にします①。ここでは段組にしないため［段組］の［数］は「1」のままで構いません②。設定ができたら［OK］をクリックします③。

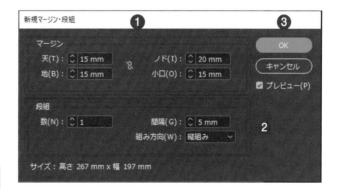

💡 ［マージン］の中央の 🔓 をクリックして 🔒 の表示にすると、各数値ボックスに異なる値を設定できます。

(6) 設定をもとに、新規ドキュメントが作成されました。

💡 ここまでできたら、60ページを参照して、「chap5」フォルダーの「fashion」フォルダー内にドキュメントを保存しておきましょう。

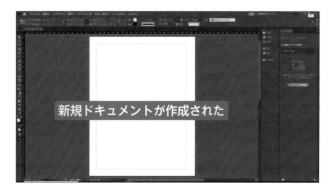

新規ドキュメントが作成された

レイヤーを作成しよう

誌面を作成するにあたり、事前に必要なレイヤーを作成しましょう。
ここでは、[背景][画像][文字][親ページアイテム]の4つのレイヤーを作成します。

新規レイヤーを作成する

(1) [レイヤー]パネルを表示します(58ページ参照)。新規ドキュメントを作成後は、[レイヤー1]というレイヤーが1つあります。レイヤー名をダブルクリックします❶。

(2) [レイヤーオプション]ダイアログボックスが表示されます。[名前]にレイヤー名(ここでは[背景])を入力し❶、[OK]をクリックします❷。

レイヤー名の付け方に決まったルールはないので、作業するうえでわかりやすい名前にするとよいでしょう。ここでは、背景に置く地色を配置するレイヤーのため[背景]にします。

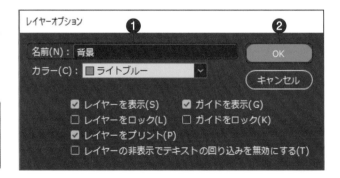

(3) レイヤー名が変更されました。続けて、ほかのレイヤーを追加します。Alt(option)を押しながら、[新規レイヤーを作成]をクリックします❶。

レイヤー名が変わった

[レイヤーオプション]ダイアログボックスが表示されます。[名前]にレイヤー名(ここでは[画像])を入力し❶、[OK]をクリックします❷。

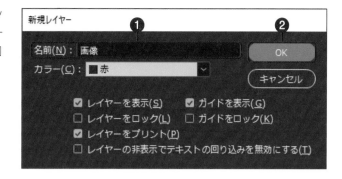

 [画像]レイヤーが追加されました。同様に、残り2つのレイヤー([文字]と[親ページアイテム])を作成します。

 4つのレイヤーができました。以降は、作業に応じたレイヤーをクリックして選択した状態で作業すると、作成したオブジェクトは選択したレイヤーに格納されます。

> 親ページに作成するオブジェクト(アイテム)は、ドキュメントページ上で最背面になります。ノンブルなど親ページのオブジェクトがほかのオブジェクトに隠れないように、最前面のレイヤーに作成します。

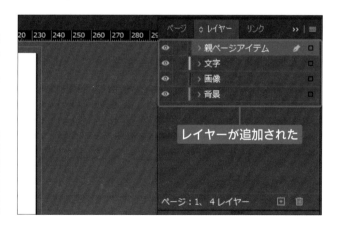

✏️ レイヤーに格納されたオブジェクトの表示

レイヤーの左横にある ▶ をクリックすると、そのレイヤーに格納されているオブジェクトを表示できます。ただし、[ページ]パネルでターゲット(44ページ参照)になっているページにあるオブジェクトのみが表示され、すべてのページ上のオブジェクトが表示されるわけではありません。ターゲットページは、[レイヤー]パネルの左下にも表示されます。ターゲットページを変更すると、レイヤーに格納されているオブジェクトの見え方も変わります。

実践編

ノンブルを作成しよう

ノンブルとは、ページ番号のことです。親ページにノンブルを作成すると、
ドキュメントページでページ番号が表示されます。

親ページにノンブルを作成する

(1) [レイヤー]パネルで[親ページアイテム]
レイヤーをクリックします❶。

(2) [ページ]パネルを表示します(44ページ
参照)。新規ドキュメントを作成後は、[な
し] [A-親ページ] と、[新規ドキュメン
ト] ダイアログボックスの設定に応じた
ドキュメントページ(ここでは1ページ
から開始で2ページ) があります。[A-親
ページ]の名前をダブルクリックし、ター
ゲットにします❶。

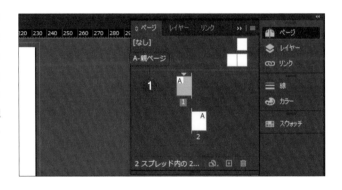

(3) [A-親ページ]がターゲットになりまし
た。[ズーム]ツールで左ページ下付近
を拡大し(46ページ参照)、ノンブルを
作成する位置がよく見えるように表示し
ます❶。

💡 画面左下のページ番号ボックスでも、ター
ゲットページを確認できます。

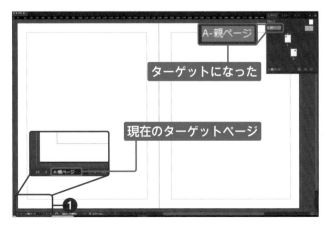

A-親ページ

ターゲットになった

現在のターゲットページ

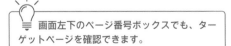

④ ［横組み文字］ツールをクリックし❶、コントロールパネルで以下のようにテキストを設定します。

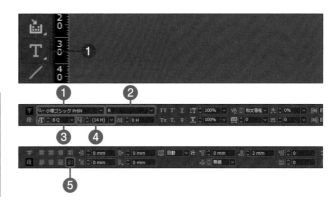

❶フォント	小塚ゴシック Pr6N
❷フォントスタイル	R
❸フォントサイズ	8Q
❹行送り	自動（14H）
❺行揃え	小口揃え

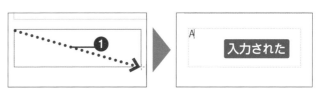

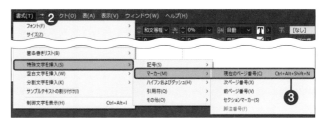

⑤ 画面上をドラッグしてテキストフレームを作成し❶、テキストフレーム内にカーソルが表示されたら、メニューバーの［書式］をクリックし❷、［特殊文字を挿入］→［マーカー］→［現在のページ番号］をクリックします❸。すると、テキストフレーム内に［A］と入力されます。これは、［A-親ページ］上で作業しているためです。

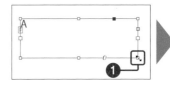

入力された

⑥ 入力後、Escを押すと入力が完了し、テキストフレームが選択された状態になります。テキストフレームの右下のハンドルをダブルクリックすると❶、フレームがテキストにフィットします。

フィットした

✎ 特殊文字の挿入

使用頻度が高い特殊文字には、［現在のページ番号］以外に、柱（セクション）の作成で使用する［セクションマーカー］（241ページ参照）があります。［現在のページ番号］と［セクションマーカー］は、親ページ上で設定し、ドキュメントページで内容が表示されるしくみになっています。

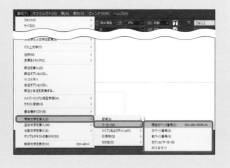

実践編

ノンブルの位置合わせをする

① [選択] ツールでノンブルのフレームを選択し❶、コントロールパネルの [基準点] ▦ の左上をクリックして❷、[X] に「15」、[Y] に「297」と入力し（単位は入力不要）❸、Enter（return）を押して確定します。

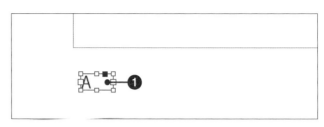

💡 ここでは、小口マージンが15mm、ドキュメントの高さが297mmであることをもとに、上記のように入力します。座標については97ページを参照してください。

② ノンブルの位置が変わりました。現状、ドキュメントからはみ出した状態です。フレームが選択されたままで、コントロールパネルの [Y] に入力された「297mm」の後にカーソルと入れ、「-8」と入力し❶、Enter（return）を押して確定します。

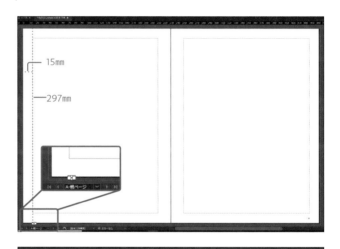

③ ノンブルの位置が変わり、8mm上方向に上がりました。[Y] は自動計算されて「289mm」になります。

💡 四則演算については97ページを参照してください。

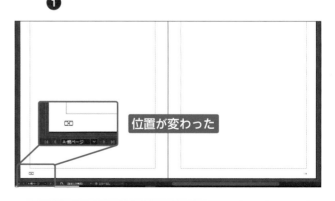

右ページにノンブルを作成する

① [選択] ツールでノンブルのフレームを選択して、[Alt]（[option]）＋[Shift]を押しながら右方向にドラッグし❶、ノンブルをコピーします。

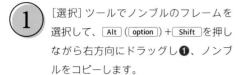 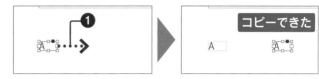

② コピーしたノンブルのフレームを選択した状態で❶、コントロールパネルの [基準点] ▦ の右上をクリックして❷、[X] に「232*2-15」と入力し（単位は入力不要）❸、[Enter]（[return]）を押して確定します。

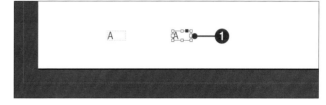

💡 ここでは、幅232mmのページが見開きであるため「232×2」になり、さらに、小口マージン15mm分左に戻るように、続けて「-15」となります。結果、「232*2-15」という四則演算を入力します。単位の入力は不要です。

③ 右ページにノンブルが移動しました。[X] は自動計算されて「449 mm」になります。また、行揃えで小口揃えを指定していることにより、右ページの小口は右にあるため、ノンブルは自動的に右揃えになります。

💡 小口揃えは、小口側に揃える行揃えです。左ページの小口は左にあるため、左ページにある場合は左揃え、右ページの小口は右にあるため、右ページにある場合は右揃えになります。ノンブルや柱を作成する際に便利な行揃えです。

ドキュメントページでページ番号を確認する

① [ページ] パネルで1ページおよび2ページのページ番号をダブルクリックしてターゲットにすると、それぞれページ番号が表示されていることがわかります。

見開きページで開始しよう

奇数ページ番号で開始すると、最初のページは単ページになります。
偶数ページ番号で開始すると、見開きページになります。

見開きページで開始する

1 1ページのページアイコンをクリックし❶、■をクリックしてパネルメニューを表示し❷、[ページ番号とセクションの設定]をクリックします❸。

💡 [ページ]パネルのパネルメニューから、ページの挿入や移動など、ページに関するさまざまな操作ができます。

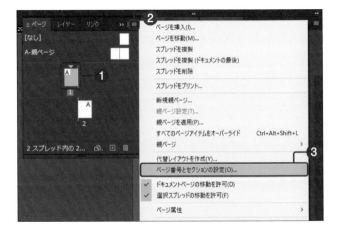

2 [ページ番号とセクションの設定]ダイアログボックスが表示されます。[開始セクション]の[ページ番号割り当てを開始]の◉をクリックし❶、ページ番号を入力して(ここでは「2」)❷、[OK]をクリックします❸。

💡 新規ドキュメント作成時に、[開始ページ番号]が「1」の場合、[開始セクション]の[自動ページ番号]が選択されていて、1ページから通し番号が自動的に割り当てられます。

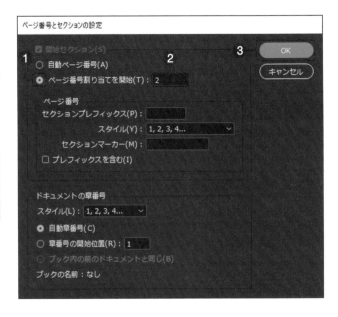

3 開始ページ番号が「2」に変わり、元々2
ページだったページは3ページに変わり
ます。このように、偶数ページで開始す
ると見開きになります。

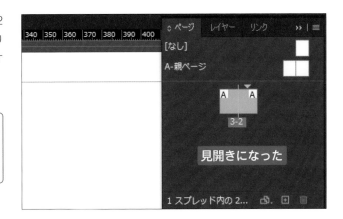

見開きになった

［新規ドキュメント］ダイアログボックス
（50ページ参照）の［開始ページ番号］に偶数ペー
ジを入力してドキュメントを作成しても、見開
きページで開始できます。

セクションインジケーター

ページの上部のセクションインジケーター ⬇ をダブルクリックする
ことで、［ページ番号とセクションの設定］ダイアログボックスを表示
できます。セクションインジケーターは、セクションの開始を示すア
イコンです。1つのドキュメントで複数のセクションがある場合、各
セクションの開始ページの上部にセクションインジケーターが付きま
す。

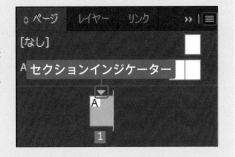

ページ番号のスタイル

［ページ番号とセクションの設定］ダイアログボックスの［ページ番号］
の［スタイル］で、ページ番号のスタイルを設定できます。

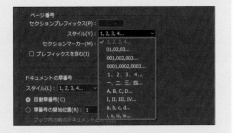

任意のページ番号に変更する

ここでは見開きで開始するために、偶数ページ番号を割り当てましたが、
［ページ番号とセクションの設定］ダイアログボックスの［ページ番号割り
当て開始］に任意の数値を入力すると、そのページ番号に変更できます。
ただし、ブックの機能を使って、複数のドキュメントに通し番号を付ける
場合（259ページ参照）、ドキュメントで割り当てた任意のページ番号が優
先され、通し番号が付かないので注意しましょう。
また、［ページ番号割り当てを開始］に「1」を入力し、［自動ページ番号］の
⦿ をクリックして選択すれば、1ページから開始に戻すことができます。

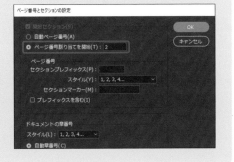

画像を配置しよう

ここでは、見開きページに4つの画像を配置してみましょう。
ページいっぱいに画像を配置する場合は、裁ち落としを含むフレームに配置します。

事前に作成したフレームの中に画像を配置する

① [レイヤー]パネルで[画像]レイヤーを
クリックします❶。

② ツールパネルから[長方形フレーム]ツー
ルをクリックし❶、画面上をドラッグ
して❷、2ページに裁ち落とし(37ペー
ジ参照)を含むフレームを作成します。

💡 裁ち落としのガイド(赤いガイド)に沿っ
てドラッグすると、フレームがガイドに吸着し、
裁ち落としを含むフレームを作成できます。

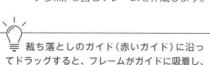

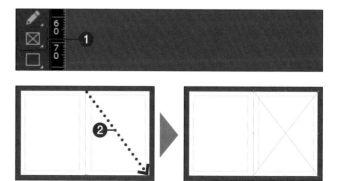

③ メニューバーの[ファイル]をクリック
して[配置]をクリックし、[配置]ダイ
アログボックスを表示して(118ページ
参照)、配置したい画像を選択します(こ
こでは「fashion1_psd」)❶。ここではす
べてのチェックを外し❷、[開く]をク
リックします❸。

④ 配置を促すアイコンが表示されるので、フレーム上をクリックし❶、画像を配置します。配置後、トリミングして整えます（120ページ参照）。

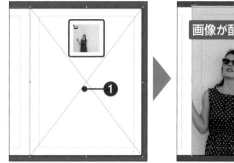

画像が配置された

ページいっぱいに地色を置く

① [レイヤー]パネルで[背景]レイヤーをクリックします❶。

② ツールパネルから[長方形]ツールをクリックし❶、画面上をドラッグして❷、3ページに裁ち落とし（37ページ参照）を含む長方形を作成します。

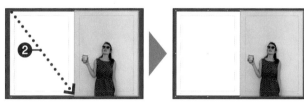

③ 塗りに任意のカラー（ここでは、[スウォッチ]パネルのY＝100の濃度20%）を設定します❶。線は「なし」にします。配色ができたら、[レイヤー]パネルの[背景]レイヤーの[レイヤーのロックを切り替え]■をクリックしてロックします❷。

事前にフレームを作成せずに画像を配置する

① [レイヤー] パネルで [画像] レイヤーをクリックします**①**。

② メニューバーの [ファイル] をクリックして [配置] をクリックし、[配置] ダイアログボックスを表示して (118ページ参照)、配置したい画像を選択します (ここでは「fashion2_psd」)**①**。ここではすべてのチェックを外し**②**、[開く] をクリックします**③**。

💡 Ctrl (command) を押しながらファイルをクリックし、複数のファイルを選択して [開く] をクリックすると、連続して画像を配置できます。

③ 配置を促すアイコンが表示されるので、3ページをドラッグして画像を配置します**①**。画像を配置すると同時に、フレームが同時に作成され、その中に画像が配置されます。配置後、サイズを調整して整えます。

💡 ドラッグ中に、 space を押しながらドラッグすると、位置を変更できます。

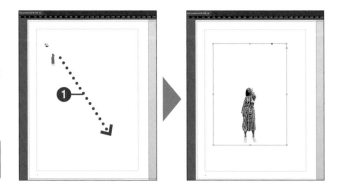

④ 同様に、残りの画像 (「fashion3.psd」と「fashion4.psd」) を配置します。サイズはなりゆきでかまいませんので、自由にレイアウトしてみましょう。

💡 ここで配置した3点の画像は、あらかじめPhotoshopでマスクの機能を使って切り抜きしています。InDesign上でフレームに対して画像が小さく見える場合は、フレームサイズを調整してください。

ラインを入れてアクセントにする

① ツールパネルから［線］ツールをクリックします①。

② 配置した画像付近で Shift を押しながらドラッグして、線を描画し任意のカラーで配色します。①。コントロールパネルの［L］に「60mm」と入力し、長さを整えます②。

💡 後に作成したオブジェクトほど、重ね順が前面になります。

③ 線を選択したまま、メニューバーの［オブジェクト］をクリックし①、［重ね順］→［最背面へ］をクリックして②、線を画像の背面にします。

④ 線が画像の背面になりました。同様に、残りの画像の付近にも、線を作成します。手順③で整えた線を Alt（ option ）を押しながらドラッグすると①、最背面を保持しながらコピーできます。すべて作成できたら、プレビューモードで仕上がりを確認し（48ページ参照）、［レイヤー］パネルの［画像］レイヤーの［レイヤーのロックを切り替え］■をクリックしてロックします②。

💡 画像と線は、同じ［画像］レイヤーの中で作業しないと、重ね順を変更できません。オブジェクトが異なるレイヤーにある場合、上位レイヤーにあるほうが前面になります。

実践編

テキストを入力しよう

ここでは、タイトル、サブタイトル、リード、キャプション見出し、キャプションなどを入力してみましょう。テキストのサイズや太さでメリハリを付けると、文字要素の役割が明確になります。

タイトルを入力する

① [レイヤー] パネルで [文字] レイヤーをクリックして選択します❶。また、テキストの操作がしやすいように、[画像] レイヤーの 👁 をクリックして非表示にします❷。

② [横組み文字] ツールをクリックし❶、コントロールパネルで以下のようにテキストの設定をします。

📖 **タイトル**

❶フォント	小塚ゴシック Pr6N
❷フォントスタイル	B
❸フォントサイズ	70Q
❹行送り	85H
❺カーニング	オプティカル
❻行揃え	中央揃え

💡 [カーニング] の [オプティカル] は、文字の形状に基づいて、隣接する文字の間隔が調整されます。欧文に最適化した機能ですが、和文に適用することもできます。

③ 2ページの画面上をドラッグしてテキストフレームを作成し、テキストフレーム内にカーソルが表示されたら❶、サンプルファイルからテキスト(ここではタイトル)をコピーしてペーストします❷。

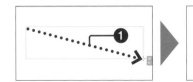

4 ［Esc］を押すと入力が完了し、テキストフレームが選択された状態になります。テキストフレームの下中央**❶**と右中央**❷**のハンドルをダブルクリックすると、フレームがテキストにフィットします。任意の文字カラーを設定します。

サブタイトルとリードを入力する

 1 タイトルと同様の手順で、サブタイトルとリードを作成します。

🔲 サブタイトル

❶フォント	小塚ゴシック Pr6N
❷フォントスタイル	B
❸フォントサイズ	28Q
❹行送り	自動（49H）
❺カーニング	オプティカル
❻行揃え	左揃え

🔲 リード

❶フォント	小塚ゴシック Pr6N
❷フォントスタイル	B
❸フォントサイズ	20Q
❹行送り	25H
❺カーニング	オプティカル
❻行揃え	中央揃え

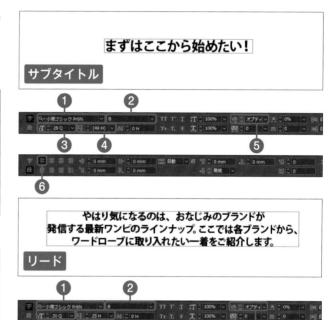

3つの文字要素を揃えて整える

1 ［選択］ツールでタイトル、サブタイトル、リードの3つを選択します**❶**。［整列］パネルを表示し、［整列］をクリックし**❷**、［ページに揃える］をクリックします**❸**。［オブジェクトの整列］の［水平方向中央に整列］をクリックします**❹**（101ページ参照）。

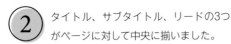

② タイトル、サブタイトル、リードの3つ
がページに対して中央に揃いました。

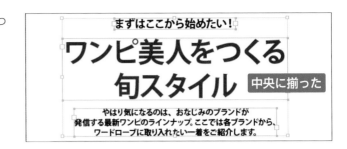

キャプション見出しとキャプションを入力する

① 同様の手順で、キャプション（右ページ：
キャプション1）を作成します。コント
ロールパネルで以下のようにテキストの
設定をします。

▢ キャプション

❶フォント	小塚ゴシック Pr6N
❷フォントスタイル	R
❸フォントサイズ	8Q
❹行送り	12H
❺行揃え	均等配置 （最終行左 / 上揃え）

ブラウス感覚で着こなす
シンプルなドットワンピ
1950年代の女優を彷彿とさせる、ドットワンピ。涼し
げなリネン素材はボディに優しく沿い、着心地は抜群。
すっきり見えるデコルテが、顔周りを華やかに演出しま
す。シンプルなシルエットだから、いろんなアクセサリー
が楽しめます。ドットワンピース ¥45,000　ネックレス
¥49,000　サングラス ¥39,000（すべてチャン ディオー
ル）

キャプション

② キャプション見出しにあたる箇所をド
ラッグして選択し❶、以下のようにテ
キストの設定をします。

▢ キャプション見出し

❶フォント	小塚ゴシック Pr6N
❷フォントスタイル	B
❸フォントサイズ	12Q
❹行送り	15H
❺行揃え	左揃え
❻段落後のアキ	2㎜
❼文字カラー	任意のカラー

ブラウス感覚で着こなす
シンプルなドットワンピ ——2㎜
1950年代の女優を彷彿とさせる、ドットワンピ。涼し
げなリネン素材はボディに優しく沿い、着心地は抜群。
すっきり見えるデコルテが、顔周りを華やかに演出しま
す。シンプルなシルエットだから、いろんなアクセサリー
が楽しめます。ドットワンピース ¥45,000　ネックレス
¥49,000　サングラス ¥39,000（すべてチャン ディオー
ル）

キャプション見出し

③ 手順②の設定により、1行目の後にも段落後のアキが2㎜適用されます。これは、[Enter]([return])を押して改行したことにより段落と見なされるためです。2行目の前にカーソルを移動して[Back space]([delete])で前行に送り❶、[Shift]+[Enter]([return])を押して強制改行することで解消されます。

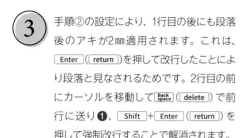

キャプション見出しとキャプションを段落スタイルとして登録する

① [段落スタイル]パネルを表示します（82ページ参照）。[横組み文字]ツールでキャプション見出しにあたる箇所を選択し❶、[Alt]([option])を押しながら[段落スタイル]パネルの[新規段落スタイルを作成]回をクリックします❷。

② [新規段落スタイル]ダイアログボックスが表示されます。[スタイル名]に名前を入力し（ここでは「キャプション見出し」）❶、[選択範囲にスタイルを適用]にチェックを入れ❷、[CCライブラリに追加]のチェックを外し❸、[OK]をクリックします❹。同様に、キャプションにあたる箇所を選択し、段落スタイル[キャプション]を作成します。

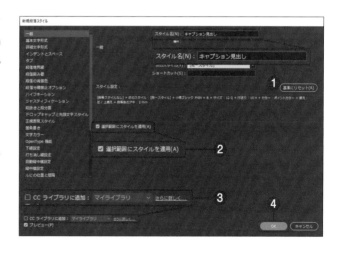

③ 段落スタイル[キャプション見出し]と[キャプション]ができました。3ページの画像の下に、対応するキャプション（左ページ：右からキャプション2〜4）のテキストを作成し、それぞれ「キャプション見出し」と「キャプション」を適用して体裁を整えます。

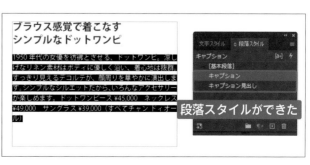

段落スタイルができた

ファッションテイストを入力する

1 同様の手順で、ファッションテイスト（テイスト1）を作成します。コントロールパネルで以下のようにテキストの設定をします。

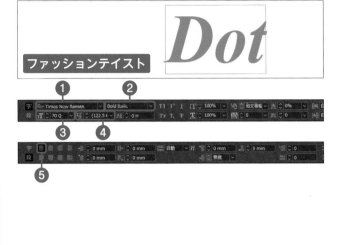

🏷 ファッションテイスト

❶フォント	Times New Roman
❷フォントスタイル	Bold Italic
❸フォントサイズ	70Q
❹行送り	自動（122.5H）
❺行揃え	左揃え
文字カラー	タイトルの文字カラーの濃度50%

2 ［選択］ツールでファッションテイストのテキストフレームと下のテキストフレームの両方を選択し❶、キーオブジェクト（ここではテイスト）を最後にクリックします❷。［オブジェクトの整列］で［水平方向左に整列］ 🔲 をクリックし❸、［等間隔に分布］の［間隔を指定］で数値を入力して（ここでは「3mm」）❹、［垂直方向等間隔に分布］ 🔲 をクリックします❺。

3 同様に、ほかの画像のファッションテイストを入力します。テキストフレームとアクセント用の下の線を整列して3mm間隔にし、仕上げます。
非表示にしていた［画像］レイヤーを表示し、プレビューモード（48ページ参照）にして仕上がりを確認します。

Chapter
6

レシピブックを
作成しよう

ここでは、レシピブックの誌面を作りながら、インデックスの作成
方法や、配置後の画像サイズの調整方法、テキストのさまざまな設
定について確認しましょう。

レシピブックの誌面を作ってみよう

制作物のイメージ

本章では、レシピブックの誌面を作りながら、インデックス（ツメ）の作成方法や、画像の配置、テキストのさまざまな設定について確認します。

親ページには、料理のジャンルを示すインデックスを作ります。テキスト変数の機能により、ひもづけた段落スタイルを適用したテキストを使って、複数のインデックスを作ります。

配置する画像は、料理が美味しく見えるように、料理に寄った構図でトリミングしてみましょう。

レシピブックの文字要素は、冊子の中で何度も出てくる要素なので、段落スタイルを活用して、修正に強い作り方をするのがポイントです。

STEP❶ インデックスを作成する

親ページには、料理のジャンルを示すインデックスを作ります。テキスト変数の機能により、ひもづけた段落スタイルを適用したテキストを使って、複数のインデックスを作ります。1つのドキュメント内で、親ページは複数作成できるため、異なるインデックスを持つページを手軽に作れます。

STEP❷ 画像を配置する

配置する画像は、料理が美味しく見えるように、料理に寄った構図でトリミングしてみましょう。[フレームに均等に流し込む]コマンドを使うと、すばやく画像を流し込むことができます。

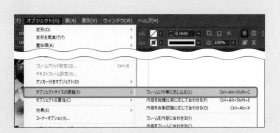

STEP❸ 文字要素を設定する

レシピブックの主な文字要素には、見出し(段抜き見出し)、材料(材料2段組)、作り方、Tipsがあります。冊子の中で何度も出てくる要素なので、段落スタイルを活用して、修正に強い作り方をするのがポイントです。[段落の囲み罫と背景色]や自動番号、テキストフレーム設定などの機能を使って、読みやすく整えましょう。

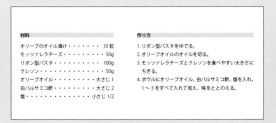

実践編

ドキュメントを作成しよう

レシピブックのレイアウトをするドキュメントを作成します。
ここでは、手に取りやすいA5サイズ（148mm×210mm）で作成します。

新規ドキュメントを作成する

1 メニューバーの［ファイル］をクリックし、［新規］→［ドキュメント］をクリックして［新規ドキュメント］ダイアログボックスを表示します（50ページ参照）。ドキュメントのカテゴリーでは、［印刷］をクリックし❶、［プリセットの詳細］の一番上の欄にファイル名を入力します（ここでは「レシピブック」）❷。

2 ［プリセット］の［A5］をクリックすると❶、［幅］［高さ］に対応するサイズが自動で入力されます。ドキュメントの［方向］は縦置き■をクリックして❷、［綴じ方］は左綴じ■を設定します❸。

3 ［ページ数］は「1」❶、［開始ページ番号］は「1」を指定します❷。見開きにするので［見開きページ］にチェックを入れ❸、［テキストフレームの自動生成］のチェックは外します❹。

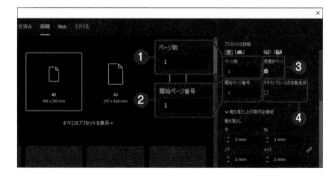

[裁ち落とし]は「3mm」❶、[印刷可能領域]は「0mm」にします❷。ドキュメントの種類で[マージン・段組]をクリックします❸。

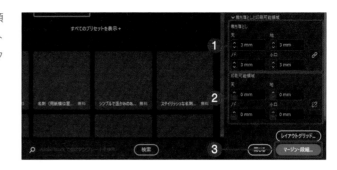

⑤ [新規マージン・段組]ダイアログボックスが表示されます。[マージン]はすべて「15mm」にします❶。ここでは段組にしないため[段組]の[数]は「1」のままで構いません❷。設定ができたら[OK]をクリックします❸。

💡 [マージン]の中央の 🔓 をクリックして 🔒 の表示にし、いずれかの数値ボックスに入力すると、すべての数値ボックスに同じ値が設定されます。

⑥ 設定をもとに、新規ドキュメントが作成されました。

新規ドキュメントが作成された

⑦ [レイヤー]パネルを表示し、58ページを参照して、右図のようにレイヤーを作成します。

💡 ここまでできたら、60ページを参照して、「chap6」フォルダーの「recipe」フォルダー内にドキュメントを保存しておきましょう。

💡 ここでは[親ページアイテム]レイヤーを使って、親ページにノンブルを作成した状態から始めます（132ページ参照）。

実践編

中扉を作成しよう

中扉とは、章が始まる入口となるページのことです。
ここでは、「イタリアン」の章の中扉を作成しましょう。

誌面の背景を作成する

① [レイヤー] パネルで [背景] レイヤーを
クリックします❶。

② [ページ] パネルを表示します（44ページ
参照）。新規ドキュメントを作成後は、[な
し] [A-親ページ] と、[新規ドキュメン
ト] ダイアログボックスの設定に応じた
ドキュメントページ（ここでは1ページ
から開始で1ページ）があります。1ペー
ジの番号をダブルクリックし、ターゲッ
トにします❶。

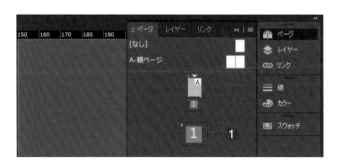

③ [カラー] パネルを表示し、以下のよう
なカラーを作成し❶、スウォッチに追
加します❷（112ページ参照）。ツール
パネルから [長方形] ツールをクリック
し❸、赤い裁ち落としガイドの左上か
ら右下に向かってドラッグして❹、ペー
ジいっぱいに長方形を作成します。作成
後、[選択] ツールで何もない場所をク
リックして長方形の選択を解除します。

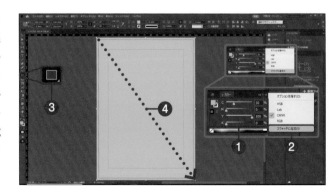

塗りのカラー	[C] 30、[M] 0、[Y] 100、[K] 0
線のカラー	なし

④ 内側に作成する飾り枠の設定をします。以下を参考に［カラー］パネルでカラーを作成し❶（112ページ参照）、［線］パネルで［線幅］と［種類］を設定します（109ページ参照）❷。ツールパネルから［長方形］ツールをクリックし❸、マージンガイドの左上から右下に向かってドラッグして❹、版面いっぱいに長方形を作成します。

塗りのカラー	なし
線のカラー	[C] 0、[M] 0、[Y] 0、[K] 10
線幅	2mm
種類	太い―細い

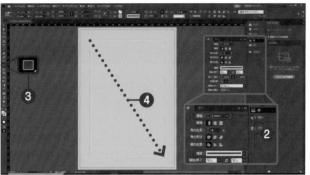

⑤ ［選択］ツールで手順④で作成した長方形を選択し❶、コントロールパネルで［角のサイズ］❷と［シェイプ］❸を以下のように設定します。内側に作成した長方形の角の形状が変わり、飾り枠になりました。

角のサイズ	5mm
シェイプ	面取り

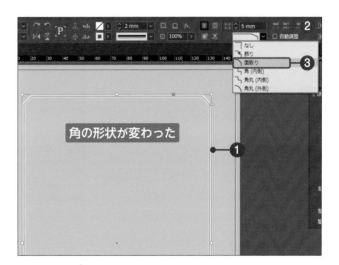

💡 メニューバーの［オブジェクト］→［コーナーオプション］を使っても、角の形状を変更できます（105ページ参照）。

⑥ ［レイヤー］パネルで［背景］レイヤーの［レイヤーのロックを切り替え］■をクリックしてロックします❶。

画像を配置する

① [レイヤー] パネルで [画像] レイヤーを
クリックします**❶**。

② メニューバーの [ファイル] をクリック
して [配置] をクリックし、[配置] ダイ
アログボックスを表示して (118ページ
参照)、配置したい画像を選択します (こ
こでは「cooking.ai」) **❶**。ここではすべ
てのチェックを外し**❷**、[開く] をクリッ
クします**❸**。

💡 AI形式のオブジェクトは、Illustrator側で
コピーしてInDesign側でペーストすることもで
きます。この場合、[スウォッチ] パネルにオブ
ジェクトの使用カラーが自動で追加されます。

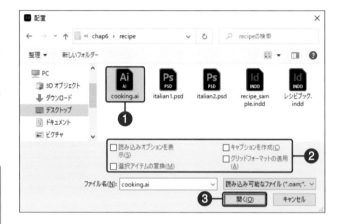

③ 画面上をクリックし**❶**、画像を配置しま
す。画像を選択したまま、[整列] パネル
を表示し (100ページ参照)、[整列] で
[ページに揃える] 📄 をクリックして**❷**、
[オブジェクトの] 整列の [水平方向中央
に整列] 🔳 **❸**と [垂直方向中央に整列]
🔳 をクリックし**❹**、画像をページの中央
に整列します。何もない箇所をクリック
して、オブジェクトの選択を削除します。

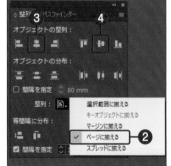

段落スタイル [章名] を作成する

① [レイヤー] パネルで [文字] レイヤーを
クリックして選択します**❶**。

② ツールパネルから［横組み文字］ツールをクリックし❶、コントロールパネルでテキストの設定をします❷。

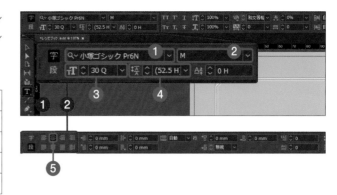

❶フォント	小塚ゴシック Pr6N
❷フォントスタイル	M
❸フォントサイズ	30Q
❹行送り	自動 (52.5H)
❺行揃え	中央揃え

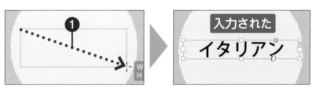

③ ドラッグしてテキストフレームを作成し、テキストを入力します（ここでは「イタリアン」）❶。[Esc]を押すと入力が完了し、テキストフレームが選択された状態になるので、コントロールパネルの［W］に幅「50」を、［H］に高さ「7.5」と入力します❷。

④ テキストフレームを選択したまま❶、［段落スタイル］パネルを表示し、段落スタイル［章名］を作成します（82ページ参照）❷。この段落スタイルは、156ページで作成するインデックスで使用します。

⑤ テキストフレームを選択したまま❶、［整列］パネルの［整列］で［ページに揃える］■をクリックして❷、［オブジェクトの］整列の［水平方向中央に整列］■❸と［垂直方向中央に整列］■をクリックし❹、テキストフレームをページの中央に整列します。

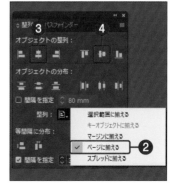

インデックスを作成しよう

インデックスは、本文内容を検索しやすくするために小口側に付ける見出しで、ツメともいいます。
ここでは、親ページにテキスト変数の機能を使って、インデックスを作成しましょう。

テキスト変数を定義する

① メニューバーの[書式]をクリックして
①、[テキスト変数]→[変数を管理]を
クリックします**②**。

② [テキスト変数]ダイアログボックスが
表示されます。[ランニングヘッド・柱]
をクリックして**①**、[新規]をクリック
します**②**。

💡 変数とは、任意の値を入れる箱のようなも
のです。ここでは、「インデックス」という箱に
段落スタイル[章名]を適用したテキストを格納
する設定をします。

③ [新規テキスト変数]ダイアログボック
スが表示されます。[名前]に変数名を
入力し(ここでは「インデックス」)**①**、
[スタイル]で155ページで作成した段落
スタイル[章名]を選択します**②**。[使用]
で[ページの先頭]を選択し**③**、[OK]を
クリックします**④**。

💡 [使用]で[ページの先頭]を選択すると、
ページの先頭にある段落スタイルが適用されて
いるテキストが挿入されます。ページにない場
合は、前のページのテキストが挿入されます。

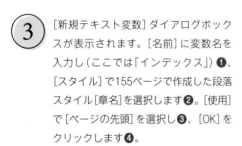

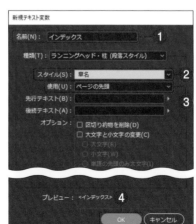

④ テキスト変数「インデックス」ができました。[終了]をクリックします❶。

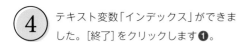

親ページにインデックスを作成する

① [レイヤー]パネルで[親ページアイテム]レイヤーをクリックします❶。

② [ページ]パネルを表示します(44ページ参照)。[A-親ページ]の名前をダブルクリックし、ターゲットにします❶。[ズーム]ツールで右ページ上付近を拡大し(46ページ参照)、インデックスを作成する位置がよく見えるように表示します❷。

③ ツールパネルから[横組み文字]ツールを長押しし❶、[縦組み文字]ツールを選択して❷、コントロールパネルでテキストの設定をします❸。

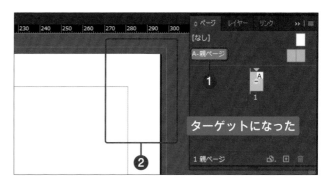

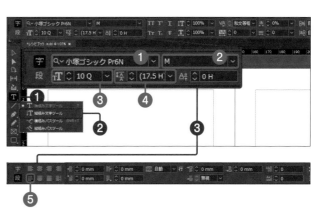

❶フォント	小塚ゴシック Pr6N
❷フォントスタイル	M
❸フォントサイズ	10Q
❹行送り	自動(17.5H)
❺行揃え	均等配置 (最終行左 / 上揃え)

実践編

④ ドラッグしてテキストフレームを作成し❶、カーソルが表示されたら、メニューバーの[書式]をクリックして❷、[テキスト変数]→[変数を挿入]→[インデックス]をクリックします❸。テキストフレームに「インデックス」と入力されます。

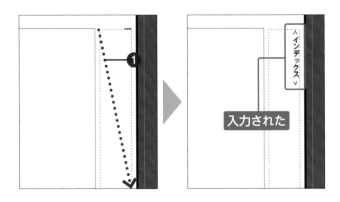

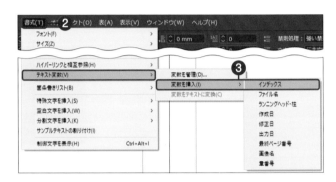

⑤ Escを押すと入力が完了し、テキストフレームが選択された状態になるので、コントロールパネルの[W]に幅「13」を、[H]に高さ「30」と入力します❶。

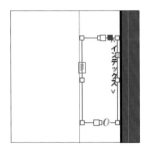
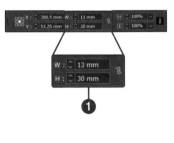

💡 [W]の「13」は、小口側の裁ち落とし3mmを含めたサイズになり、実際には裁ち落とされる3mmを引いた10mmがインデックスとして残ることになります。

⑥ [選択]ツールでテキストフレームをAlt(option)を押しながらダブルクリックし❶、[テキストフレーム設定]ダイアログボックスを表示します(80ページ参照)。🔗をクリックしてリンクを解除し❷、[フレーム内マージン]の[上]と[右]に「3」と入力し❸、[テキストの配置]の[配置]を[中央揃え]にして❹、[OK]をクリックします❺。

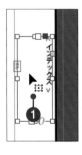

⑦ フレーム内のテキストの位置が変わりました。テキストフレームの塗りにカラー（ここでは[スウォッチ]パネルの[C=30 M=0 Y=100 K=0]）を設定します❶。

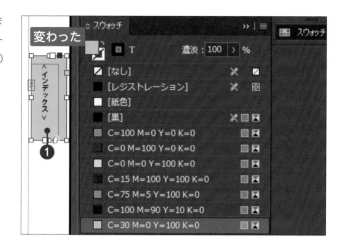

⑧ インデックスを小口側に揃えます。コントロールパネルの基準点を右上にし❶、[X]に「299」を、[Y]に高さ「15」と入力します❷。

💡 ここでは、幅148㎜のページが見開きである（148×2=296）ことと、小口側の裁ち落とし3㎜を考慮して、[X]に「299」と入力し、天マージン15㎜分下へ移動するように、[Y]に「15」と入力します。単位の入力は不要です。

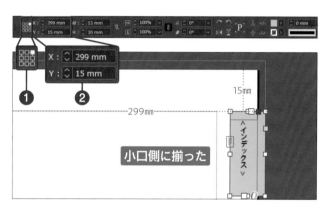

ドキュメントページのインデックスを確認する

① [ページ]パネルを表示します。[Alt]（[option]）を押しながら[ページを挿入]🔲 をクリックし❶、[ページを挿入]ダイアログボックスを表示します。[ページ]に「2」と入力し❷、[挿入]で「1」[ページの後]と指定し❸、[親ページ]で[A-親ページ]を指定して❹、[OK]をクリックします❺。

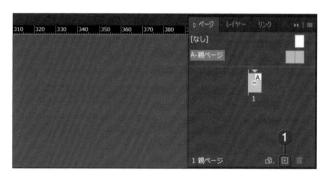

② 1ページの後に、「A-親ページ」を使用したドキュメントページが2ページ追加されました。追加された右ページ（3ページ）の小口側に「イタリアン」と入力されたインデックスが作成されたことがわかります。

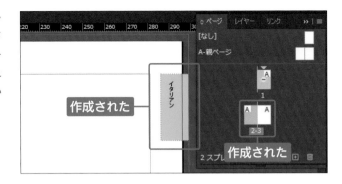

③ 中扉となる1ページには、インデックスは不要です。1ページのページ番号をダブルクリックしてターゲットにします**①**。親セクションの［なし］を1ページのページアイコンにドラッグ＆ドロップし**②**、［なし］を適用すると、インデックスはなくなります。

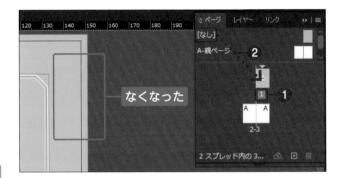

💡 親セクションにある［なし］は、ノンブルやインデックスなど親ページに作成するアイテムが不要なページに適用します。

B-親ページを作成する

① Ctrl（command）+ Alt（option）を押しながら［ページを挿入］🔲 をクリックし、［新規親ページ］ダイアログボックスを表示します。［基準親ページ］で「A-親ページ」を指定し**①**、［OK］をクリックします**②**。

💡 ［ページを挿入］🔲 をクリックする際、Ctrl（command）を組み合わせると、親ページを作成できます。

②　親ページセクションに、「A-親ページ」を基準にした「B-親ページ」が作成されました。現状、「A-親ページ」と同じ体裁で、インデックスは選択できません。このように、基準となる親ページ（「A-親ページ」）のアイテムは、子ページ（「B-親ページ」）ではロックされており、編集するにはオーバーライド（上書き）する必要があります。

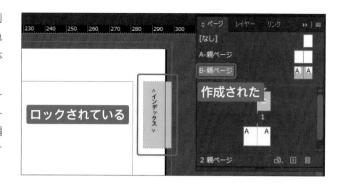

③　[選択]ツールで Ctrl （command）+ Shift を押しながらインデックスをクリックすると❶、編集できるようになります。インデックスを選択したまま、[選択]ツールをダブルクリックし❷、[移動]ダイアログボックスを表示します。[水平方向]に「0」、[垂直方向]に「30」と入力し❸、[OK]をクリックします❹。

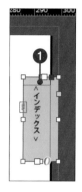

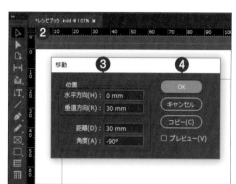

④　インデックスが下に移動しました。112ページを参照して[カラー]パネルを表示し、以下のようにカラーを変更して❶、スウォッチに追加します❷。

塗りのカラー	[C] 0、[M] 30、[Y] 70、[K] 0
線のカラー	なし

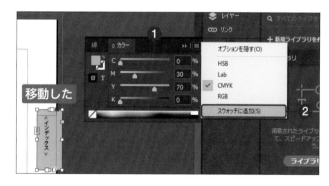

B-親ページを適用したドキュメントページのインデックスを確認する

①　Alt （option）を押しながら[ページを挿入]■をクリックし、[ページを挿入]ダイアログボックスを表示します。[ページ]に「4」と入力し❶、[挿入]で「3」[ページの後]と指定し❷、[親ページ]で[B-親ページ]を指定して❸、[OK]をクリックします❹。

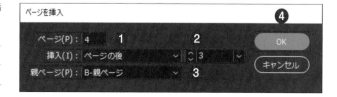

② 3ページの後に、B-親ページを使用した
ドキュメントページが4ページ追加され
ました。

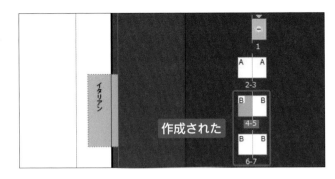

③ 1ページの番号をダブルクリックし、
ターゲットにして表示します**❶**。[背景]
レイヤーのロックを解除します。メ
ニューバーの[編集]をクリックし**❷**、
[すべてを選択]をクリックして**❸**、ペー
ジ上のすべてのオブジェクトを選択しま
す。[編集]をクリックし**❹**、[コピー]
をクリックしてコピーします**❺**。

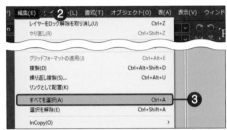
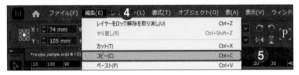

④ 4-5ページの番号をダブルクリックし、
ターゲットにして表示します**❶**。メ
ニューバーの[編集]をクリックし**❷**、
[元の位置にペースト]をクリックして
❸、コピー元の1ページと同じ位置に
ペーストします。

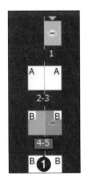

さまざまなペースト

InDesignには、さまざまなペースト方法があります。[書式なし
でペースト]は、コピー元ではなくコピー先の書式属性に合わせ
てペーストします。[選択範囲内へペースト]は、画像やパスを
選択したフレーム内へペーストします。[グリッドフォーマット
を使用せずにペースト]は、コピー元のフレームグリッド（68ペー
ジ参照）の書式属性ではなくコピー先の書式属性に合わせてペー
ストします。

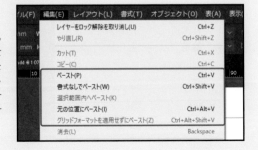

背景のカラー（ここでは［スウォッチ］パネルの［C=0 M=30 Y=70 K=0］）と章名（ここでは「アジアン」）を変更します❶。すると、5ページと7ページのインデックスは、章名の変更に応じて変わることがわかります。中扉となる5ページには、インデックスは不要なので、親セクションの［なし］を5ページのページアイコンにドラッグ&ドロップします❷。

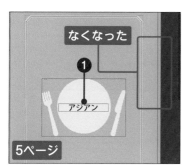

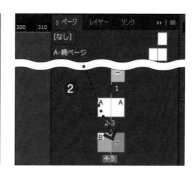

✎ オーバーライド（上書き）について

親ページに作成した親ページアイテムは、子ページ上ではロックされていて編集できません。編集するにはオーバーライド（上書き）する必要があります。目的に応じて、親ページアイテムに関する操作を行います。

■特定の親ページアイテムをオーバーライドする
子ページ上にある親ページアイテムを [Ctrl]（[command]）＋[Shift]を押しながらクリックします。

■すべての親ページアイテムをオーバーライドする
［ページ］パネルのパネルメニューをクリックして表示されるメニューから、［すべてのページアイテムをオーバーライド］をクリックします。

■オーバーライドを取り消す
オーバーライドした親ページアイテムを選択し、パネルメニューから、［親ページ］→［指定されたローカルオーバーライドを削除］をクリックすると、再度、子ページ上の親ページアイテムはロックされて編集不可になります。

■親ページから分離する
子ページ上にある親ページアイテムを選択し、パネルメニューから、［親ページ］→［選択部分を親ページから分離］をクリックします。分離されたアイテムは、親ページとの連動性がなくなるため、親ページと連動して更新されることはありません。

なお、親ページアイテムをオーバーライドしても、すべてが親ページと連動しないわけではありません。たとえば、子ページ上のアイテムの塗りカラーを変更後に、親ページにあるアイテムの塗りカラーを変更しても、子ページ上のカラーが更新されることはありませんが、変更を加えなかった属性（たとえばサイズなど）は、引き続き連動して更新されます。

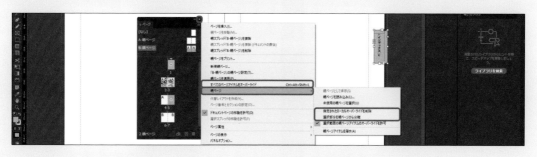

画像をフレームに均等に流し込もう

[フレームに均等に流し込む] コマンドを使うと、
画像をフレームに均等に流しむことができ、すばやく画像の調整ができます。

画像を配置する

① [レイヤー] パネルで [背景] レイヤーを
ロックし❶、[画像] レイヤーをクリッ
クします❷。

② [ページ] パネルを表示します。2-3ペー
ジの番号をダブルクリックし、ターゲッ
トにして表示します❶。ツールパネルか
ら [長方形フレーム] ツールをクリックし
❷、画面上をクリックします。[長方形]
ダイアログボックスが表示されるので、
[幅] に「118」、[高さ] に「130」と入力し
❸、[OK] をクリックします❹。

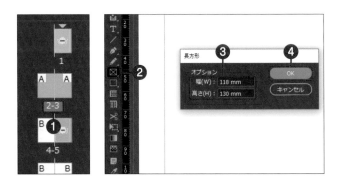

③ [選択] ツールでフレームを選択し、マー
ジンガイドの左上にスナップ（吸着）し
て揃えます❶。

ガイドにスナップする機能は、[表示] → [グ
リッドとガイド] → [ガイドにスナップ] に
チェックが入っている必要があります。初期設
定でチェックが入っています。

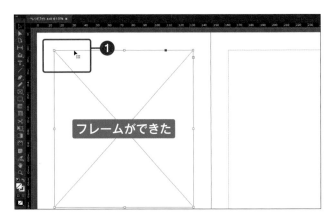

メニューバーの［ファイル］をクリックして［配置］をクリックし、［配置］ダイアログボックスを表示して（118ページ参照）、配置したい画像を選択します（ここでは「italian1.psd」）❶。ここではすべてのチェックを外し❷、［開く］をクリックします❸。

 配置を促すアイコンが表示されるので、フレーム上をクリックし❶、画像を配置します。クリックすると、原寸（100%）で配置されるため、現状、フレームに対して画像が収まっていません。

 フレームを選択したまま、メニューバーの［オブジェクト］をクリックして❶、［オブジェクトサイズの調整］→［フレームに均等に流し込む］をクリックします❷。

💡 ［フレームに均等に流し込む］
Ctrl（command）+ Alt（option）+ Shift + C

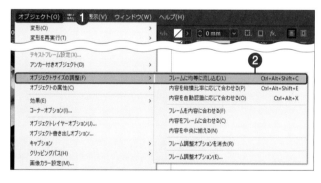

 画像がフレームに対して均等に流し込まれました。好みでトリミングして整えます（120ページ参照）❶。

実践編

飾り図形を作成しよう

InDesignのフレームはパスでできているため、編集して形を変えることができます（98ページ参照）。
ここでは、飾り図形を作成して、テキストフレームに変換しましょう。

長方形を編集して形を変える

1 [レイヤー] パネルで [文字] レイヤーを
クリックします❶。

2 ツールパネルから [長方形] ツールをク
リックし❶、画面上をクリックして [長
方形] ダイアログボックスを表示し、[幅]
に「100」、[高さ] に「10」と入力し❷、
[OK] をクリックします❸。

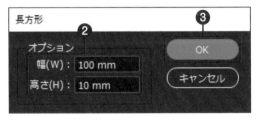

💡 以前の線の設定が引き継がれる場合、[オ
ブジェクトスタイル] パネルを表示して [なし]
をクリックします（116ページ参照）。

3 長方形ができました。ツールパネルから
[ペン] ツールを長押しし❶、[アンカー
ポイントの追加] ツールを選択します❷。
水平ガイドを作成し（288ページ参照）、
長方形の中心に合わせ❸、ガイドを目安
にして、左右の辺の中心にアンカーポイ
ントを追加します❹。[選択] ツールで画
面の何もないところをクリックして、選
択を解除します。

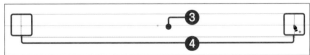

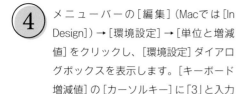

④ メニューバーの［編集］（Macでは［In Design］）→［環境設定］→［単位と増減値］をクリックし、［環境設定］ダイアログボックスを表示します。［キーボード増減値］の［カーソルキー］に「3」と入力し❶、［OK］をクリックします❷。

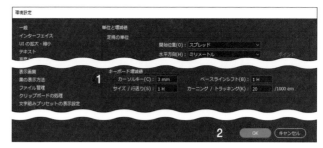

⑤ ツールパネルから［ダイレクト選択］ツールをクリックします❶。左辺に追加したアンカーポイントをクリックし❷、→を押すと、選択したアンカーポイントが右に3mm移動します。同様に、右辺に追加したアンカーポイントをクリックし❸、←を押すと、選択したアンカーポイントが左に3mm移動し、飾り図形が作成されます。

飾り図形をテキストフレームに変換する

① ［選択］ツールで飾り図形を選択し、メニューバーの［オブジェクト］をクリックし❶、［オブジェクトの属性］→［テキスト］をクリックして❷、テキストフレームに変換します。

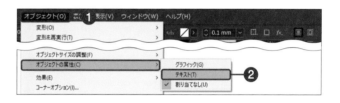

② ［選択］ツールでテキストフレームをダブルクリックし❶、カーソルが表示されたら以下のようにコントロールパネルで設定して❷、テキストを入力します❸。Escを押して入力を完了します。［テキストフレーム設定］ダイアログボックスを表示し、［テキストの配置］の［配置］を［中央揃え］にして［OK］をクリックします（158ページ参照）。テキストフレームの塗りにカラー（ここでは［C=5 M=10 Y=20 K=0]）を設定します（159ページ参照）。

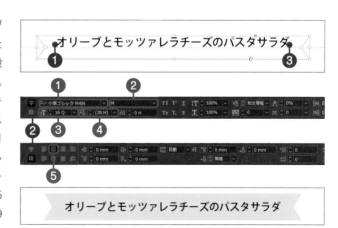

❶フォント	小塚ゴシック Pr6N	❹行送り	自動（28H）
❷フォントスタイル	M	❺行揃え	中央揃え
❸フォントサイズ	16Q		

文字の位置を揃えよう

文字数が異なる文字の位置を揃える際、スペースを入れて揃えるのは非効率です。
ここでは、タブの機能を使って、文字数が異なる文字の位置を揃えましょう。

タブを使って文字の位置を揃える

① [横組み文字] ツールでドラッグしてテキストフレームを作成してコントロールパネルでテキストの設定をし**①**、テキストをサンプルファイルからコピーして入力します**②**。Esc を押して入力を完了し、フレームサイズを指定します**③**。

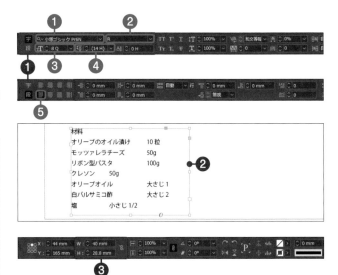

❶フォント	小塚ゴシック Pr6N
❷フォントスタイル	R
❸フォントサイズ	8Q
❹行送り	自動 (14H)
❺行揃え	均等配置 (最終行左／上揃え)
フレームサイズ	W (幅) 40mm、H (高さ) は大きめに

② メニューバーの [書式] をクリックし**①**、[制御文字を表示] をクリックして**②**、制御文字を表示します。

💡 制御文字とは、タブや段落、スペースなどの印刷されない特殊文字のことです。制御文字を表示することで、可視化できます。

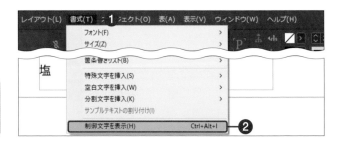

③ 制御文字が表示されました。材料の項目名と分量の間に、あらかじめタブ » が入っています。現状、行によって項目名の文字数が異なるため、分量の開始位置が揃っていません。

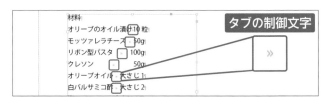

タブの制御文字

④ メニューバーの [書式] をクリックし❶、[タブ] をクリックして❷、[タブ] パネルを表示します。

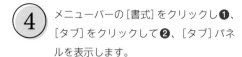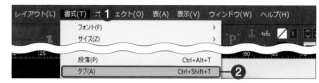

⑤ テキストフレームを選択し❶、[テキストフレームの上にパネルを配置] 🔒 をクリックしてフレームの上にパネルを配置します❷。🔽 をクリックして揃え方を指定し（ここでは右/下揃えタブ🔽）❸、定規の上をクリックして❹、揃えの矢印を作成します。

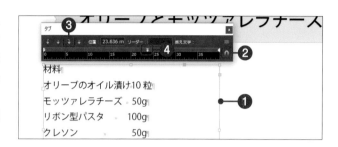

⑥ 矢印🔽 をドラッグするか [位置] に数値を入力すると❶、位置を調整できます。ここでは、[位置] にテキストフレームのサイズの「40」と入力し❷、テキストをテキストフレームの右端で揃えます。

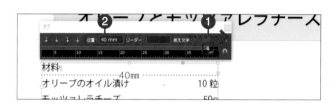

⑦ タブ以降の文字が右揃えで表示されます。[リーダー] に記号（ここでは「・（中黒）」）を入力すると❶、タブの挿入箇所に記号が繰り返し表示されます。

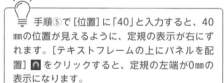
💡 手順⑤で [位置] に「40」と入力すると、40mmの位置が見えるように、定規の表示が右にずれます。[テキストフレームの上にパネルを配置] 🔒 をクリックすると、定規の左端が0mmの表示になります。

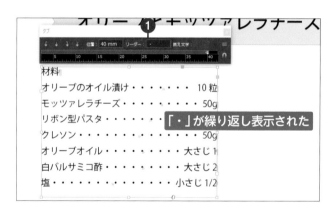

段落スタイル [材料] を作成する

① [段落スタイル]パネルを表示します。[横組み文字] ツールで材料を選択し❶、段落スタイル [材料] を作成します（82ページ参照）❷。

💡 ここまでできたら、[タブ] パネルは閉じておきましょう。

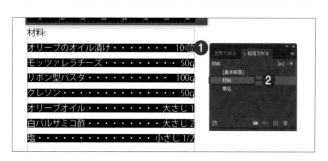

見出しを作成しよう

[段落の囲み罫と背景色] の機能を使うと、段落に囲み罫や背景色を付けることができます。
ここでは、材料の見出しに背景色を付けましょう。

段落に背景色を付ける

① [横組み文字] ツールで見出しをドラッグして選択し❶、コントロールパネルでテキストの設定をします❷。

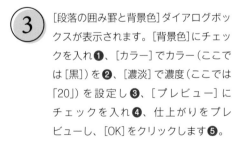

❶フォント	小塚ゴシック Pr6N
❷フォントスタイル	M
❸フォントサイズ	8Q
❹行送り	自動 (14H)
❺行揃え	均等配置(最終行左/上揃え)
❻段落後のアキ	1mm

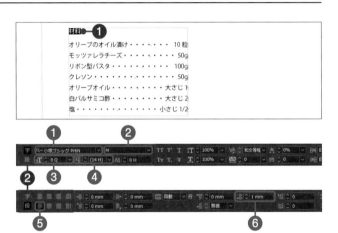

② コントロールパネルの [背景色] の [背景色のカラー] ▦ を Alt (option) を押しながらクリックします❶。

③ [段落の囲み罫と背景色]ダイアログボックスが表示されます。[背景色]にチェックを入れ❶、[カラー]でカラー(ここでは [黒])を❷、[濃淡]で濃度(ここでは「20」)を設定し❸、[プレビュー]にチェックを入れ❹、仕上がりをプレビューし、[OK]をクリックします❺。

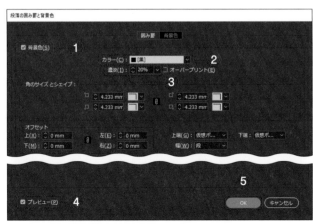

💡 [カラー] には [スウォッチ] パネルに登録されているカラーやグラデーションが表示されます。

④ 〔Esc〕を押して入力を完了します。見出し
に背景色が付きました。下中央のハンド
ルをダブルクリックし❶、フレームの
高さをフィットさせます。

💡 コントロールパネルの［背景色］のチェッ
クを外すと、設定を残したまま背景色をなしに
できます。

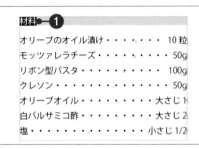

背景色がついた

段落スタイル［見出し］を作成する

 ① ［段落スタイル］パネルを表示します。［横
組み文字］ツールで見出しを選択し❶、
段落スタイル［見出し］を作成します（82
ページ参照）❷。

✏ 2段組用の見出しと材料を作る

テキスト量が多い場合は、テキストフレーム設定（80ページ参照）
で段を組むことでうまくテキストが収まります。
サンプルファイルでは、1段の場合、幅は40mmでしたが、2段の
場合、全幅は50mm、1段あたりの幅は23mm、段間は4mmと設計し
ています（右図参照）。2段の場合、169ページの手順⑥のタブの
［位置］は、1段あたりの幅にあたる23mmにします。
また、段組の見出しは、段をまたぐ段抜きの機能が便利です。
適用したいテキストを選択し、［段落］パネルメニューより［段抜
きと段分割］をクリックして、［段抜きと段分割］ダイアログボッ
クスを表示し、［段落レイアウト］で［段抜き］を選択します。

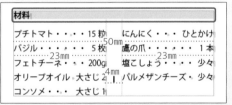

■右ページに作ってみよう
サンプルファイルでは、［新規段落スタイル］ダイアログボック
スの設定で、既存の段落スタイルを基準スタイルにし、以下の
ようにアレンジして、2つの段落スタイルを作成しています。
・「見出し段抜き」…基準スタイル［見出し］
　［段抜きと段分割］の［段落レイアウト］の［段抜き］を追加し作
　成しています。
・「材料2段組」…基準スタイル［材料］
　［タブ］の設定を変更（［位置］を23mm）して作成しています。

Section

08

手順を作成しよう

［自動番号］の機能を使うと、手順をわかりやすく整えることができます。
ここでは、レシピの作り方に手順番号を付けましょう。

自動番号を使って手順を整える

① ［横組み文字］ツールでドラッグしてテキストフレームを作成し、コントロールパネルでテキストの設定をして **①**、テキストをサンプルファイルからコピーして入力します **②**。 Esc を押して入力を完了し、フレームサイズを指定します **③**。

① フォント	小塚ゴシック Pr6N
② フォントスタイル	R
③ フォントサイズ	8Q
④ 行送り	自動（14H）
⑤ 行揃え	均等配置（最終行左／上揃え）
⑥ リストの種類	自動番号
フレームサイズ	H（幅）50mm、H（高さ）は大きめに

② テキストに自動番号が振られますが、番号と続く文字列との間隔が空き過ぎるので、選択したフォントサイズに応じて整えます。［横組み文字］ツールをクリックし、テキストをすべて選択して［1行目左／上インデント］ に1文字分引いた値（ここでは「-8q」と入力すると、「-2mm」に換算されます）**①**、［左／上インデント］ にフォントサイズ（ここでは「8q」）と入力します **②**。すると、自動計算され、適切なインデント処理がされます。

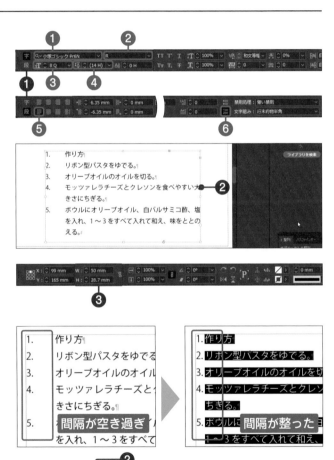

💡 インデントとは、テキストフレームの端からテキストまでの距離です。

③ 1行目は見出しになるので、見出しを選択し**❶**、171ページで作成した段落スタイル［見出し］を適用します**❷**。すると、2行目以降の番号の振り方も変わります。［選択］ツールでテキスト下中央のハンドルをダブルクリックし**❸**、フレームの高さをフィットさせます。

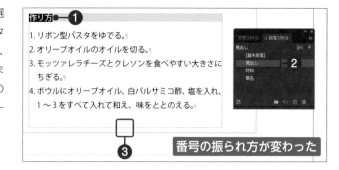

番号の振られ方が変わった

段落スタイル［作り方］を作成する

① ［段落スタイル］パネルを表示します。［横組み文字］ツールで作り方を選択し**❶**、段落スタイル［作り方］を作成します（82ページ参照）**❷**。

💡 段落スタイルは、ドラッグして順序を変更したり、グループ化して整理したりできます。グループを作成するには、Alt（option）を押しながら［新規スタイルグループを作成］ 📁 をクリックして［新規スタイルグループ］ダイアログボックスを表示し、［名前］にグループ名を入力して［OK］をクリックします。作成したグループに段落スタイルをドラッグ＆ドロップして格納します。また、段落スタイルやグループを削除するには、［選択したスタイル/グループを削除］ 🗑 をクリックします。

✏️ **箇条書き**

ここでは［自動番号］の設定について解説しましたが、［箇条書き記号］ 📋 を使ってリストを作成することもできます。要点をまとめる際に便利です。

箇条書きの設定は、［段落］パネルのパネルメニューより［箇条書き］をクリックし表示される［箇条書き］ダイアログボックスで変更できます。［リストタイプ］で［自動番号］もしくは［記号］を選択できます。［自動番号］を選択した場合、［自動番号スタイル］の［形式］で、番号の表記を設定できます。設定は、設定変更後に作成した箇条書きに対して適用されます。

また、［段落スタイルの編集］ダイアログボックス（84ページ参照）の［箇条書き］でも、同様の設定ができます。既存の段落スタイルを編集する際には、こちらを使ってみるとよいでしょう。

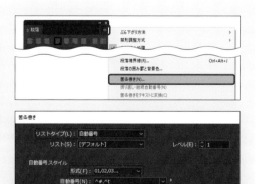

実践編

Tipsを作成しよう

［段落の囲み罫と背景色］の機能を使うと、段落に囲み罫や背景色を付けることができます。
ここでは、Tipsに囲み罫と背景色を付けて、テキストの増減に対応したフレームを作りましょう。

段落に囲み罫と背景色を付ける

① ［横組み文字］ツールでドラッグしてテキストフレームを作成し、コントロールパネルでテキストの設定をし**①**、テキストをサンプルファイルからコピーして入力します**②**。 Esc を押して入力を完了し、フレームサイズを指定します**③**。

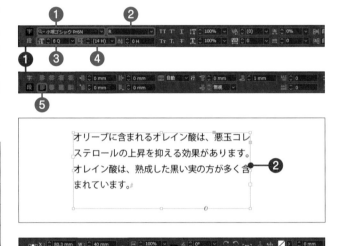

①フォント	小塚ゴシック Pr6N
②フォントスタイル	R
③フォントサイズ	8Q
④行送り	自動（14H）
⑤行揃え	均等配置（最終行左/上揃え）
フレームサイズ	H（幅）40㎜、H（高さ）は大きめに

💡 ここでは、テキスト編集がわかりやすいように、［画像］レイヤーを非表示にしています（142ページ参照）。

② ［横組み文字］ツールでテキストをすべて選択します**①**。［段落］パネルを表示し、パネルメニューより、［段落の囲み罫と背景色］をクリックします**②**。

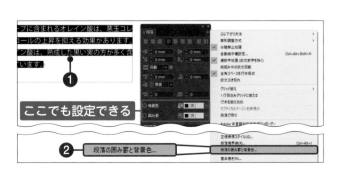

ここでも設定できる

[段落の囲み罫と背景色]ダイアログボックスが表示されます。[囲み罫]にチェックを入れ❶、以下の❶～❺の設定をします。

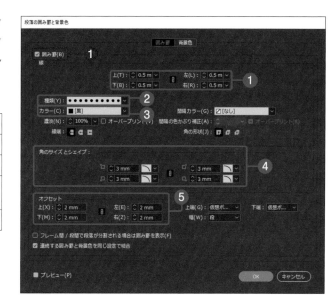

❶線幅	上下左右各0.5mm
❷種類	句点
❸カラー	黒
❹角のサイズとシェイプ	上下左右各3mm、角丸（外側）
❺オフセット	上下左右各2mm

④ [背景色]タブをクリックし❶、[背景色]にチェックを入れ❷、以下の❶～❸の設定をし、[プレビュー]にチェックを入れ❸、仕上がりをプレビューし、[OK]をクリックします❹。

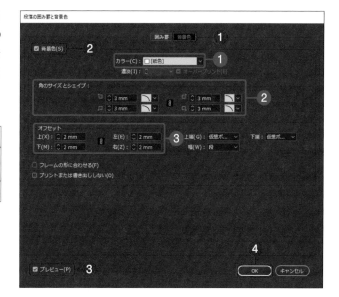

❶カラー	紙色
❷角のサイズとシェイプ	上下左右各3mm、角丸（外側）
❸オフセット	上下左右各2mm

⑤ テキストに囲み罫と背景色の設定ができました。

> オリーブに含まれるオレイン酸は、悪玉コレステロールの上昇を抑える効果があります。オレイン酸は、熟成した黒い実の方が多く含まれています。

実践編

テキストフレーム設定を変更する

① [選択] ツールで Alt (option) を押しながらテキストフレームをダブルクリックし①、[テキストフレーム設定] ダイアログボックスを表示します。

> オリーブに含まれるオレイン酸は、悪玉コレステロールの上昇を抑える効果があります。オレイン酸は、熟成した黒い実の方が多く含まれています。 **①**

② 左側のリストから [自動サイズ調整] をクリックします①。[自動サイズ調整] で [高さのみ] を選択し②、基準位置で [下中央] ⬛ をクリックします③。こうすることで、テキストの増減があった場合に、下中央を基準にして調整されるため、テキストフレームのレイアウトが下中央からずれません。[OK] をクリックします④。

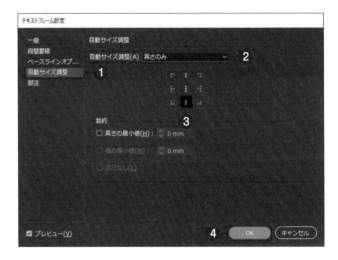

③ テキストフレームがテキストにフィットしました。以降、テキストの増減があっても、テキスト量に応じて、フレームサイズは自動調整されます。

> オリーブに含まれるオレイン酸は、悪玉コレステロールの上昇を抑える効果があります。オレイン酸は、熟成した黒い実の方が多く含まれています。
>
> **テキストフレームがフィットした**

段落スタイル [Tips] を作成する

① [段落スタイル] パネルを表示します。[横組み文字] ツールでTipsを選択し①、段落スタイル [Tips] を作成します（82ページ参照）②。

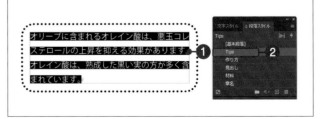

① 図を参考に［選択］ツールで誌面全体の
　レイアウトを整え、Ｗを押してプレ
　ビューモードにし（48ページ参照）、仕
　上がりを確認します。

174ページで非表示にした［画像］レイヤー
を表示しましょう。

ガイドやフレームが
非表示になった

② ［段落スタイル］パネルを表示します。
　段落スタイル［Tips］の名前をダブルク
　リックし❶、［段落スタイルの編集］ダ
　イアログボックスを表示します。

Tips

③ 左側のリストから［段落の背景色］をク
　リックし❶、［カラー］と［濃淡］を変更
　し（ここでは「C=0 M=0 Y=100 K=0」
　の「20%」）❷、［OK］をクリックします
　❸。

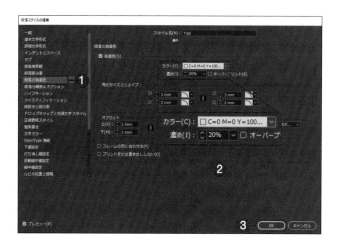

④ 段落スタイル［Tips］を適用している箇
　所が修正されました。

修正された

オブジェクトの設定を活用しよう

使用頻度が高いオブジェクトは、オブジェクトスタイルとして登録しておくと、
ほかのオブジェクトに同じスタイルを適用したり、修正更新が容易になります。

オブジェクトスタイル［Tips］を作成する

(1) ［オブジェクトスタイル］パネルを表示
します。［選択］ツールでTipsのフレーム
を選択し❶、[Alt]([option])を押しなが
ら［新規スタイルを作成］□をクリック
して❷、［新規オブジェクトスタイル］
ダイアログボックスを表示します。

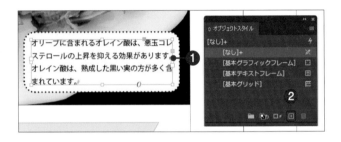

(2) ［スタイル名］にスタイル名（ここでは
Tips）を入力します❶。左側のリストの
［段落スタイル］をクリックしてチェッ
クを入れ❷、［段落スタイル］で［Tips］
を選択します❸。このように、オブジェ
クトスタイルは、段落スタイルも含めて
スタイル登録できます。［OK］をクリッ
クします❹。

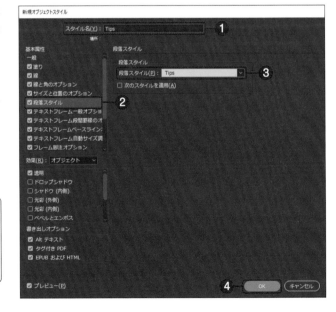

💡 段落スタイルには、文字や段落の書式属性
が登録されます。それに対しオブジェクトスタ
イルは、テキストフレームの自動調整のほか、
オブジェクトに含まれる段落スタイルも登録さ
れます。

③ オブジェクトスタイル [Tips] ができました。

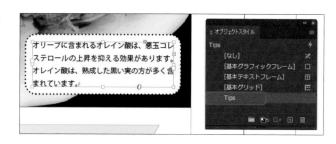

ほかのオブジェクトにオブジェクトスタイルを適用する

① 右ページに [横組み文字] ツールでドラッグしてテキストフレームを作成し、テキストをサンプルファイルからコピーして入力します❶。Esc を押して入力を完了します。

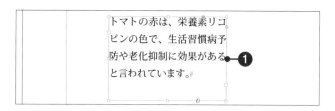

② [選択] ツールでテキストフレームを選択し❶、オブジェクトスタイル [Tips] をクリックして適用します❷。オブジェクトスタイルに含まれる段落スタイルも選択された状態になります。

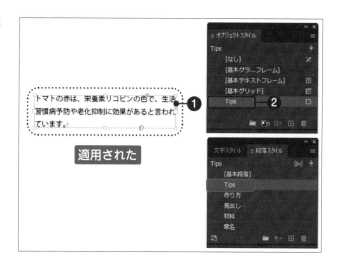

不要な属性の消去

オブジェクトに不要な属性が含まれる場合、[オブジェクト] スタイルにデフォルトで用意されているスタイルを使って消去できます。

[なし] …塗りと線が「なし」になります。

[基本グラフィックフレーム] …塗りと線が「なし」のグラフィックフレームになります。フレーム調整オプションは消去されます（123ページ参照）。

[基本テキストフレーム] …塗りと線が「なし」のテキストフレームになります。文字カラーは保持されます。

[基本グリッド] …塗りと線が「なし」のフレームグリッドになります。文字カラーは保持されます。

CCライブラリを活用しよう

[CCライブラリ]パネルを使うと、使用頻度が高いオブジェクトやカラーなどを追加し、活用できます。
プロジェクトメンバーでデータを共有する際にも役立ちます。

CCライブラリパネルにオブジェクトを追加する

1 メニューバーの[ウィンドウ]をクリックし❶、[CCライブラリ]をクリックして❷、[CCライブラリ]パネルを表示します。

💡 本書の解説で使用している初期設定(クラシック)ワークスペースの場合、[CCライブラリ]パネルは表示されています。

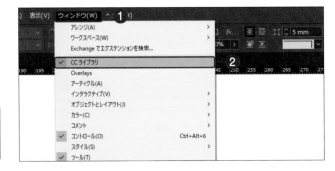

2 [新規ライブラリを作成]をクリックします❶。

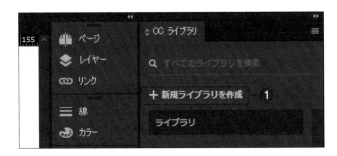

3 ライブラリ名を入力し(ここでは「レシピブック」)❶、[作成]をクリックします❷。

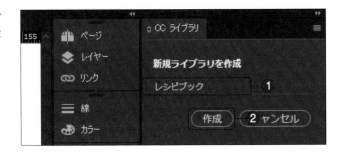

④ ライブラリ「レシピブック」ができました。166ページで作成した飾り図形を選択し❶、➕をクリックして❷、登録したい内容（ここでは［グラフィック］（Macでは［画像］）をクリックします❸。

⑤ オブジェクトがライブラリに追加できました。名前をダブルクリックして編集モードにし❶、名前を入力します（ここでは「飾り図形」）❷。

CCライブラリパネルに登録したオブジェクトを活用する

① ［CCライブラリ］パネルに追加したオブジェクトを、ドキュメントにドラッグ＆ドロップします❶。配置アイコンが表示されるので、画面上をクリックします❷。

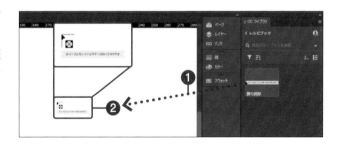

② オブジェクトを取り出すことができました。ここで使用した飾り図形は、テキストフレームなので、テキストを差し替えて流用することができます。

共有するユーザーをライブラリに招待する

① [ライブラリに招待] 🔛 をクリックすると❶、Creative Cloud Desktop (Creative Cloud) アプリが起動します。

> 💡 Creative Cloudによる作業は、インターネット環境が必要です。

② 招待するユーザーのメールアドレスを入力し❶、編集権限を設定して❷、[招待]をクリックします❸。招待したユーザーが共同作業を開始すると、共有したメンバー間でライブラリを活用できます。

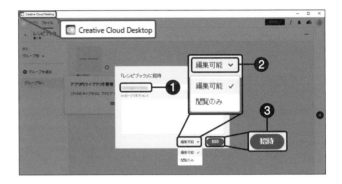

✏️ ライブラリファイルの活用

[CCライブラリ] パネルは、Creative Cloudを使った共有ですが、ライブラリファイルを使って共有することもできます。ライブラリファイルを作成するには、メニューバーの [ファイル] をクリックし、[新規] → [ライブラリ] をクリックします。[CCライブラリ] を勧めてきますが、[いいえ] をクリックすると、ライブラリファイルの作成に進みます。

ライブラリファイル (.indl) を作成して保存すると、ライブラリファイル名のパネルが表示されます。オブジェクトの追加や活用の方法は、[CCライブラリ] パネルと同様です。ライブラリファイルは、通常のファイルと同様に、[ファイル] メニューから開いたり閉じたりできます。

[CCライブラリ] パネルとの違いは、ライブラリファイルは、インターネット環境に左右されることなく、ファイルとして配布できる点です。ただし、[CCライブラリ] パネルのように、インターネット環境のもと、随時更新できるわけではありません。そのため、プロジェクトの進捗が反映しやすい [CCライブラリ]パネルのほうが柔軟に活用できます。

Chapter

7

実践編

旅行情報誌を
作成しよう

ここでは、旅行情報誌を作りながら、配置画像の管理やテキストの
流し込み、表の作成などの機能について確認しましょう。

この章で
学ぶこと

旅行情報誌を
作ってみよう

制作物のイメージ

本章では、旅行情報誌作りながら、配置画像の管理や、テキストの流し込み、表の作成などの機能について確認します。

情報誌の誌面は、画像やテキスト、表など、多くの情報で構成されています。画像は、サイズに大小をつけたり、ポラロイド写真風にしたり、テキストに回り込ませたりすることにより、誌面にメリハリが付きます。長文のテキストは、大見出しと小見出しを入れることで、読みやすくなります。また、表を使うと、情報をコンパクトにわかりやすくまとめることができます。

対談記事

大見出し

ポラロイド写真風画像

小見出し

表

インライングラフィック

回り込み画像

STEP❶ 画像を配置・管理する

[リンク]パネルには、配置した画像のカラーモードやファイル形式、配置倍率などの情報が表示されます。元

画像を編集したり、ほかの画像に置き換えたりでき、Adobeのソフト間での連携が取りやすくなっています。

STEP❷ テキストを流し込む

テキストは画像と同様、ファイルを指定して配置できます。段落スタイルを作成すれば、手軽に活用と更新がで

きます。縦組み文字の処理、インライングラフィック、テキストの回り込みなども便利な機能です。

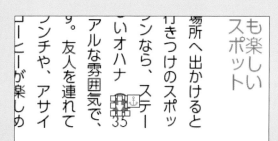

STEP❸ 表を作成する

InDesignで扱う表は、テキストフレームの中に作成します。表の編集は、[横組み文字]ツールを使い、[表]パ

ネルや[線]パネルなどで詳細を設定して整えます。表、行・列、セル・テキストへの細かな編集ができます。

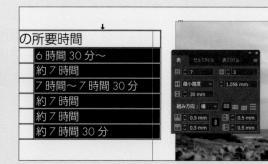

実践編

合成フォントを作成しよう

文字の種類ごとに異なるフォントを指定した合成フォントを作成できます。
和文フォントと欧文フォントを組み合わせた和欧混植をしてみましょう。

和欧混植の合成フォントを作成する

① ドキュメントを開いていない状態で、メニューバーの [書式] をクリックして❶、[合成フォント] をクリックします❷。

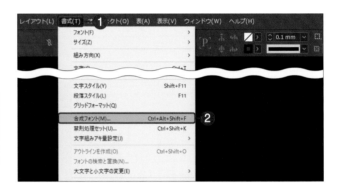

💡 合成フォントは、ドキュメントを開いた状態で作成すると、そのドキュメントに保存されます。ドキュメントを開いていない状態で作成すると、アプリケーションに保存されます。

② [合成フォント] ダイアログボックスが表示されます。[新規] をクリックし❶、[新規合成フォント] ダイアログボックスを表示します。[名前] に合成フォント名を入力し（ここでは「新ゴ+Futura」）❷、[元とするセット] で元にする合成フォントを選択し❸、[OK] をクリックします❹。

💡 初めて合成フォントを作成する場合は、[元とするセット] は [デフォルト] しかありません。

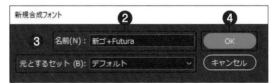

③ ［合成フォント］ダイアログボックスに戻ります。［設定］で Shift を押しながら［漢字］［かな］［全角約物］［全角記号］の4つをクリックして選択し❶、［フォント］のフォント名をクリックしてから ▼ をクリックして❷、リストから［A-OTF UD 新ゴ Pr6N］をクリックすると❸、4つの文字種に同じフォントを一度に指定できます。リスト下部の何もない箇所をクリックすると❹、選択を解除できます。

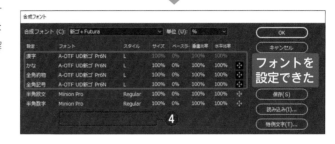

④ 同様に、［設定］で Shift を押しながら［半角欧文］［半角数字］の2つをクリックして選択し❶、［フォント］のフォント名をクリックしてから ▼ をクリックして❷、リストから［Futura PT］をクリックすると❸、2つの文字種に同じフォントを一度に指定できます。

💡 合成フォントを作成する際は、基本的に、明朝体にはセリフ体、ゴシック体にはサンセリフ体を組み合わせるのが一般的です（20ページ参照）。形状が似たフォントを組み合わせるとバランスがよくなります。

⑤ ［サンプル］で［縦書き］をクリックし❶、［平均字面］📊 をクリックすると❷、並ぶ文字の平均字面にガイドが表示された状態でプレビューできます。

6 半角英数字は小さく見えるので、[設定]で Shift を押しながら[半角欧文][半角数字]の2つをクリックして選択し ❶、[サイズ]に拡大率を入力して（ここでは110%）❷、プレビューしながらバランスを調整します。[保存]をクリックします ❸。

💡 欧文フォントは和文フォントに比べ、同じフォントサイズでも小さく見えるため、100～120%程度に調整します。横組みは縦組みより小さく見えやすいため、拡大率を高くします。フォントにより異なるので、プレビューしながら調整しましょう。

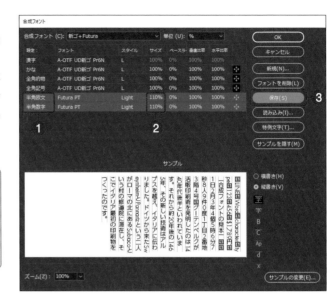

7 [OK]をクリックして ❶、ダイアログボックスを閉じます。

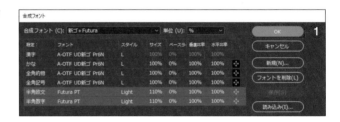

8 [文字形式]コントロールパネルや[文字]パネルのフォントリストに、作成した合成フォントが表示され、使用できるようになります。

さまざまなフォントフォーマット

InDesignは、さまざまなフォントフォーマットに対応しており、多彩なフォントを利用することができます。使用できるフォントは、[文字形式]コントロールパネルや[文字]パネルのほか、メニューバーの[書式]をクリックし、[フォント]をクリックすると表示されるリストで確認できます。各フォントの左端には、フォントのフォーマットを表すマークがついています。主なフォントフォーマットは以下のとおりです。

■OpenTypeフォント ⓞ

DTPで主流のフォントフォーマットです。WindowsとMacで同じフォントファイルを使用するため、異なるOS間でファイルを移動する際に、フォントの代用などを意識せずに使用できます。[文字]パネルのパネルメニューの[OpenType機能]は、OpenTypeフォントに対応した機能です。

■合成フォント 𝒂

和文フォントと欧文フォントなど、異なる種類のフォントを組み合わせて独自で作ったフォントです（186ページ参照）。

■Adobeフォント ◈

Adobeが提供しているフォントです。Adobe Fontsサイトでアクティベートすると使用できます（70ページ参照）。

■TrueTypeフォント 𝕋𝕋

アップル社とマイクロソフト社が共同開発したフォントで、シンプルな構成が特徴です。出力時の解像度制限、アプリケーションが非対応などの理由で、Macではあまり使われず、WindowsでのDTPで広く使われていました。現在はTrueTypeフォントからOpenTypeフォントに移行しているフォントが増えつつあります。なお、同じフォント名でも、MacとWindowsの間で互換性はないため、データの受け渡しなどの際には注意が必要です。

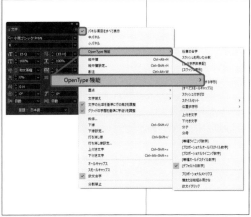

7

旅行情報誌を作成しよう

実践編

ドキュメントを作成しよう

旅行情報誌のレイアウトをするドキュメントを作成します。ここでは、
雑誌で利用されるA4変形サイズ（232mm×297mm）で作成します。

新規ドキュメントを作成する

① メニューバーの［ファイル］をクリック
し、［新規］→［ドキュメント］をクリッ
クして［新規ドキュメント］ダイアログ
ボックスを表示します（50ページ参照）。
ドキュメントのカテゴリーでは、［印刷］
をクリックし❶、［プリセットの詳細］
の一番上の欄にファイル名を入力します
（ここでは「旅行情報誌」）❷。

② ［プリセット］の［すべてのプリセットを
表示］をクリックし❶、すべてのプリ
セットを表示します。スクロールバーを
下にドラッグし❷、「232mm×297mm」を
クリックすると❸、［幅］［高さ］に対応
するサイズが自動で入力されます。
ドキュメントの［方向］は縦置き▮をク
リックして❹、［綴じ方］は右綴じ▮を
設定します❺。

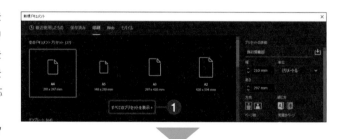

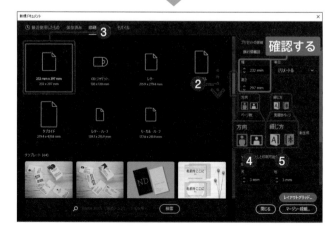

③ ［ページ数］は「2」❶、［開始ページ番号］は「2」を指定します❷。見開きにするので［見開きページ］にチェックを入れ❸、［テキストフレームの自動生成］のチェックは外します❹。

💡 ［開始ページ番号］を偶数にすると、見開きで開始できます。

④ ［裁ち落とし］は「3mm」❶、［印刷可能領域］は「0mm」にします❷。ドキュメントの種類で［レイアウトグリッド］をクリックします❸。

💡 ［レイアウトグリッド］は、情報誌の記事などの文字中心のドキュメント作成に向いています。

⑤ ［新規レイアウトグリッド］ダイアログボックスが表示されます。❶〜⓫の設定をし、［OK］をクリックします❶。

💡 段を組む場合、先に段数を設定しましょう。先に行文字数を設定すると、段数を設定した際に変わってしまうので注意しましょう。

💡 ［レイアウトグリッド］は、先に本文の書式属性を決めて版面計算をし、残りをマージンとして使う方法です。マージンを意図する数値で指定したい場合は、［マージン・段組］を使用します（52ページ参照）。

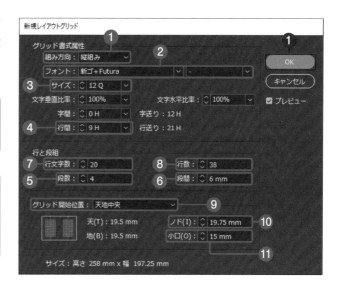

📖 グリッド書式属性

❶組み方向	縦組み
❷フォント	新ゴ+Futura（合成フォント）
❸サイズ	12Q
❹行間	9H

行と段組

⑤段数	4
⑥段間	6mm（2文字分）
⑦行文字数	20
⑧行数	38

グリッド開始位置

⑨グリッド開始位置	天地中央
⑩ノドマージン	19.75mm
⑪小口マージン	15mm

6 設定をもとに、新規ドキュメントが作成されました。[レイヤー]パネルを表示し、130ページを参照して、「親ページアイテム」「文字」「画像」のレイヤーを作成します❶。作成後、[親ページアイテム]を選択します。

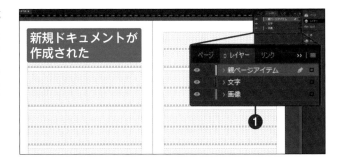

7 [ページ]パネルを表示して「A-親ページ」をターゲットにし❶、132ページを参照して以下の設定でノンブルを作成します。

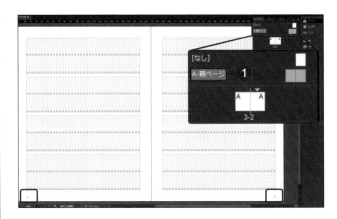

フォント	Futura PT
フォントスタイル	Light
フォントサイズ	8Q
行送り	自動（14H）
行揃え	小口揃え
左ノンブルの座標	基準点 ▦ [X] 15mm [Y] 289mm
右ノンブルの座標	基準点 ▦ [X] 449mm [Y] 289mm

レイアウトグリッド設定

ドキュメントを作成後、レイアウトグリッドの設定を変更するには、メニューバーの[レイアウト]をクリックし、[レイアウトグリッド設定]をクリックして表示される[レイアウトグリッド設定]ダイアログボックスで変更できます。変更結果はターゲットページ（44ページ参照）に反映されます。意図的に特定のドキュメントページのレイアウトグリッド設定を変更する場合以外は、親ページをターゲットにして変更しましょう。

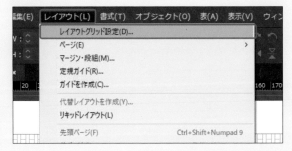

フレームグリッド設定を確認する

① [縦組みグリッド]ツールをダブルクリックし①、[フレームグリッド設定]ダイアログボックスを表示します。

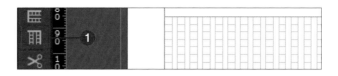

② [フレームグリッド設定]ダイアログボックスが表示されます。ドキュメントデフォルト（22ページ参照）は、[グリッド書式属性]がレイアウトグリッド設定と同じ設定になります。[OK]をクリックして①、ダイアログボックスを閉じます。

💡 フレームグリッドを選択して、[フレームグリッド設定]ダイアログボックスで設定を変更すると、選択したフレームグリッドに設定されます。

レイアウトグリッド設定と同じ設定になる

③ メニューバーの[ウインドウ]をクリックし①、[書式と表]→[グリッドフォーマット]をクリックして②、[グリッドフォーマット]パネルを表示します。用意されている[レイアウトグリッド]の設定も、レイアウトグリッド設定と同じであるため、別のフレームグリッドを選択して[レイアウトグリッド]をクリックすると、同じ設定にできます。

💡 レイアウトグリッドは、画面上に表示されるグリッドです。フレームグリッドは、テキストを入力するテキストフレームです。作業中に作成したフレームグリッドがレイアウトグリッドと一致しない場合、[レイアウトグリッド]をクリックすると、一致させることができます。

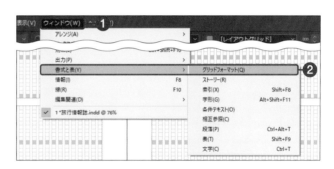

実践編

画像を配置しよう

ここでは画像に白フチを付け、[ドロップシャドウ]効果で影を追加して、
ポラロイド写真風にしてみましょう。

タイトル部分の背景画像を配置する

① [レイヤー]パネルで[画像]レイヤーをクリックし❶、[ページ]パネルで2-3ページのページ番号をダブルクリックして❷、ターゲットにします。

② 右ページの上半分に[長方形フレーム]ツールでグラフィックフレームを作成して❶、画像(ここでは「travel1.psd」)を配置し(118ページ参照)、フレームに均等に流し込みます(122ページ参照)。

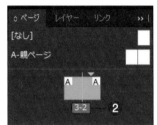

人物と風景の画像を配置する

① Wを押してグリッドを非表示にします。仮置きで左ページに、以下のサイズでグラフィックフレームを作成し、画像(ここでは「travel2.psd」「travel5.psd」)を配置し(118ページ参照)、フレームに均等に流し込みます(122ページ参照)。

travel2(人物)用	[W] 40mm [H] 60mm
travel5(風景)用	[W] 90mm [H] 46mm

画像をポラロイド写真風にする

① 仮置きで左ページに、[W] 65mm× [H] 45mmのサイズでグラフィックフレームを作成し、画像（ここでは「travel3.psd」）を配置し（118ページ参照）、フレームに均等に流し込みます（122ページ参照）。

② [選択] ツールでフレームを選択し**①**、コントロールパネルで線のカラーを [紙色] **②**、線幅を「2mm」にし**③**、[線] パネルで [線の位置] を [線の外側に揃える] にして**④**、白フチを付けます。

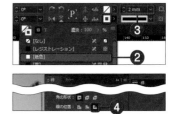

③ フレームを選択したまま、メニューバーの [オブジェクト] をクリックして**①**、[効果]→[ドロップシャドウ] をクリックします**②**。

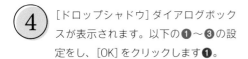

④ [ドロップシャドウ] ダイアログボックスが表示されます。以下の**①**～**③**の設定をし、[OK] をクリックします**①**。

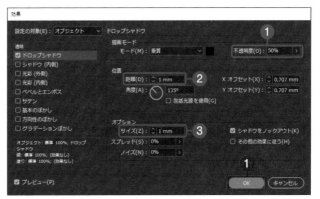

❶不透明度	50%
❷距離	1mm
❸サイズ	1mm

💡 [不透明度] で影の不透明度を、[距離] で画像と影の距離を、[サイズ] で影のぼけ加減を調整します。

⑤ フレームに影が付き、ポラロイド写真風になりました。コントロールパネルの [回転角度] に角度を入力し（ここでは「-5°」）**①**、フレームを傾けます。

影が付いた

実践編

画像を管理しよう

[リンク] パネルには、配置画像の情報が表示され、
画像の置換や更新などの管理ができます。

画像を置換する

① 195ページで作成した「travel3.psd」の
フレームを選択し、[Alt]（[option]）を押し
ながらドラッグしてコピーし❶、選択
しておきます。

② メニューバーの［ウインドウ］をクリッ
クし❶、［リンク］をクリックして❷、［リ
ンク］パネルを表示します。

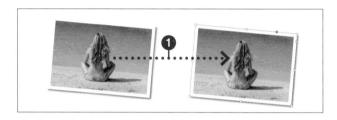

③ ▼をクリックして展開すると❶、選択
中の画像の情報を確認できます。［再リ
ンク］🔗をクリックします❷。

[再リンク]ダイアログボックスが表示されるので、置き換えたい画像をクリックして選択し(ここでは「travel4.psd」)❶、[開く]をクリックします❷。

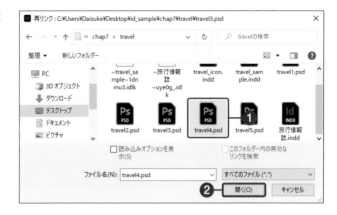

 画像が「travel4.psd」に置き換わりました。

travel4に置き換わった

 「travel4.psd」のフレームを選択し❶、コントロールパネルの[回転角度]に角度を入力して(ここでは「5°」)❷、フレームを傾けます。

 [リンク]パネル

[リンク]パネルの ▭ をクリックすると❶、パネル下部には、配置した画像の情報が表示され、ファイル形式やカラーモード、配置倍率などを確認できます。また、画像の置き換えや更新、元画像の編集なども行えます。
[CCライブラリから再リンク] ▭ …クリックすると、CCライブラリ(180ページ参照)にある画像を指定して置き換えることができます。
[再リンク] ▭ …クリックすると、[配置]ダイアログボックスが表示され、画像を指定して置き換えることができます。
[リンクへ移動] ▭ …クリックすると、画像がある所へ移動します。
[リンクを更新] ▭ …クリックすると、ほかのソフトで変更した画像をInDesignドキュメントで更新できます。
[元データを編集] ▭ …クリックすると、ひもづいているソフトが立ち上がり、元画像を編集できます。PSD形式であればPhotoshopが、AI形式であればIllustratorが立ち上がり、ひもづいているソフトでの修正とInDesignでの更新がスムーズに行えます。

実践編

テキストフレームを連結しよう

複数のテキストフレームは、段やページをまたいで連結できます。
個々のテキストフレームを、離れた位置に自由に配置できます。

テキストを配置する

(1) [レイヤー] パネルで [文字] レイヤーを
クリックします❶。また、Ｗを押して
グリッドを表示します。

(2) メニューバーの [ファイル] をクリックし
て [配置] をクリックし、[配置] ダイアロ
グボックスを表示して（118ページ参照）、
配置したいテキストファイルを選択しま
す（ここでは「travel.txt」）❶。[グリッド
フォーマットの適用] にのみチェックを
入れ❷、[開く]をクリックします❸。

💡 [グリッドフォーマットの適用] にチェック
を入れない場合、フレームグリッドではなく、
プレーンテキストフレームができるので注意し
ましょう。

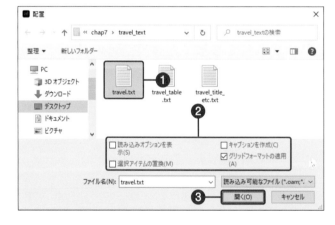

(3) カーソルがテキストの流し込みモードに
なります。右ページの上から3段目のグ
リッドの右角付近をクリックします❶。

💡 クリックすると、レイアウトグリッドに
沿ったフレームグリッドが作成され、その中に
テキストが流し込まれます。

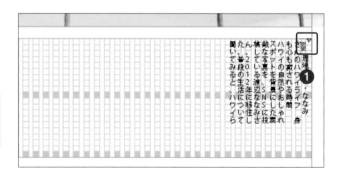

④ 3段目のグリッドに沿って、フレームグリッドが作成され、テキストが流し込まれました。アウトポートに表示される![](は、テキストフレームからテキストがあふれている（オーバーセット）ことを表します。

💡 テキストフレームからテキストがあふれている状態をオーバーセットといいます。テキストフレームを作成して続きのテキストを流し込まない場合は、テキストサイズを小さくするか、テキストエリアを大きくして対処します。

流し込まれた

アウトポート

`20W x 38L = 7`

💡 フレームグリッドがレイアウトグリッドからずれる場合は、[グリッドフォーマット]パネルの[レイアウトグリッド]をクリックし（193ページ参照）、手動で位置を合わせてください。

⑤ ここでは、後に段抜き見出し（208ページ参照）を作成することを考慮して、フレームグリッドの設定を段組に変更します。[選択]ツールでフレームグリッドを選択し**❶**、[縦組みグリッド]ツールをダブルクリックします**❷**。

💡 複数のテキストフレームをまたいだ段抜き見出しは作成できないため、ここでは1つのテキストフレームにする必要があります。

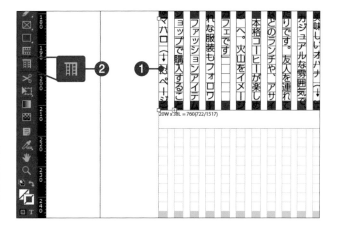

`20W x 38L = 760(722/1517)`

⑥ [フレームグリッド設定]ダイアログボックスが表示されます。[段数]を「2」**❶**、[段間]を「6mm」にし**❷**、[OK]をクリックします**❸**。

💡 [テキストフレーム設定]ダイアログボックスでも段数を設定できますが（80ページ参照）、段数を変更すると、そのほかの値も変わってしまうため、ここでは、[フレームグリッド設定]ダイアログボックスで設定を変更します。

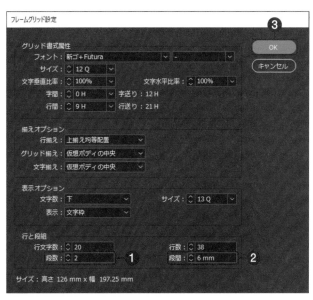

フレームグリッド設定

グリッド書式属性
フォント：新ゴ＋Futura ／ －
サイズ：12 Q
文字垂直比率：100%　　　文字水平比率：100%
字間：0 H　　字送り：12 H
行間：9 H　　行送り：21 H

揃えオプション
行揃え：上揃え均等配置
グリッド揃え：仮想ボディの中央
文字揃え：仮想ボディの中央

表示オプション
文字数：下　　　　　　サイズ：13 Q
表示：文字枠

行と段組
行文字数：20　　　　　　行数：38
段数：2 **❶**　　　　　　段間：6 mm **❷**

サイズ：高さ 126 mm x 幅 197.25 mm

OK
キャンセル
❸

⑦ 2段組のフレームグリッドになり、次段に続きのテキストが流し込まれました。しかし、まだ次段のアウトポートに が表示されており、テキストがあふれています。

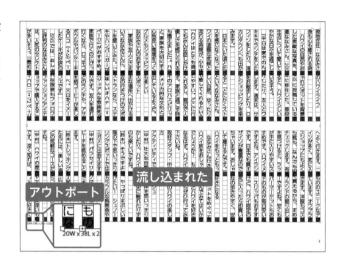

テキストフレームを連結する

① [選択] ツールでアウトポートをクリックし❶、あふれているテキストの続きを流し込むモードにします。

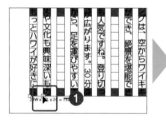

② 左ページの1段目の右上角付近をクリックすると❶、元のフレームグリッドと同じサイズで、続きのフレームグリッドが作成されます。

 ドラッグすると、ドラッグしたサイズのテキストフレームが作成されます。

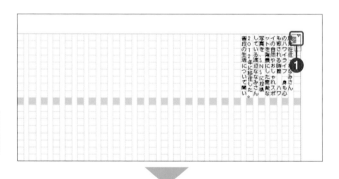

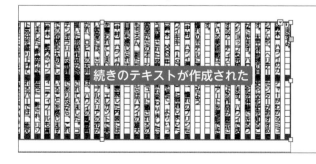

③ 199ページの手順⑤と同様に、フレームグリッドを選択し、[縦組みグリッド]ツールをダブルクリックして、[フレームグリッド設定]ダイアログボックスを表示します。[段数]を「3」❶、[段間]を「6mm」にし❷、[OK]をクリックします❸。

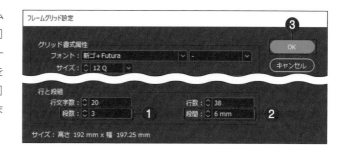

④ 3段組のフレームグリッドになり、次段に続きのテキストが流し込まれ、アウトポートの は はなくなり、すべてのテキストを流し込まれました。仮置きしている画像は、テキストフレームと重なり隠れますが、ここではそのまま進めます。

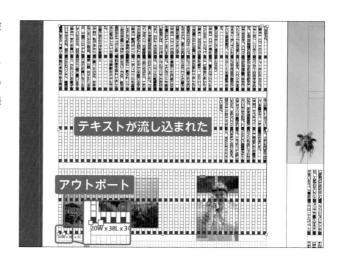

⑤ フレームを選択したまま、メニューバーの[表示]をクリックし❶、[エクストラ]→[テキスト連結を表示]をクリックして❷、テキスト連結を表示します。

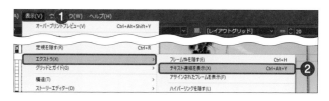

⑥ インポート（テキストの入口）とアウトポート（テキストの出口）の状態を確認します。1つ目のテキストフレームのアウトポートと、2つ目のテキストフレームのインポートがテキスト連結でつながっていることがわかります。複数のテキストフレームはつながっているので、テキスト量に増減があれば、テキストの流れ方も変わります。

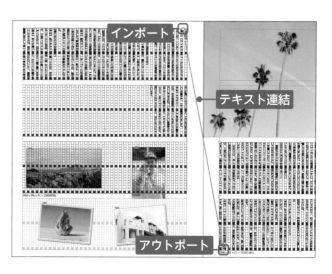

実践編

ストーリーエディターで
テキストを編集しよう

ストーリーエディターを使うと、レイアウトを気にすることなく
テキストを作成・編集でき、すぐにレイアウトに反映されます。

ストーリーエディターでテキストを編集する

1 Wを押してグリッドを非表示にします。[選択]ツールで右ページのテキストフレームを選択し、メニューバーの[編集]をクリックし❶、[ストーリーエディターで編集]をクリックします❷。

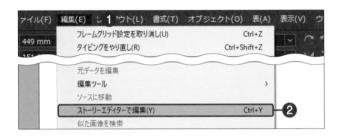

2 画面左上に、ストーリーエディターウィンドウが表示されます。また、ツールパネルのツールは[横組み文字]ツールになります。

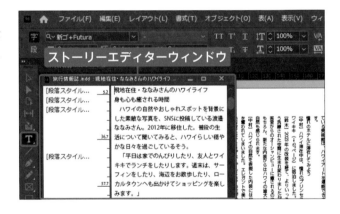

3 5行目の「2012年に」の後にカーソルを入れます❶。

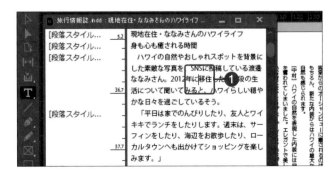

カーソルを入れた箇所に「ハワイへ」と
入力すると❶、レイアウトですぐに入
力内容が反映されます。

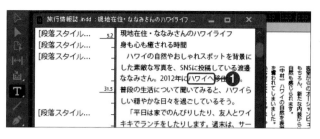

 編集が済んだら、ストーリーエディター
ウィンドウ右上の ✕ （Macでは左上の
◉ ）をクリックして❶、ウィンドウを
閉じます。

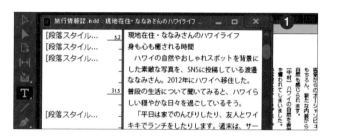

 ストーリーエディターウィンドウの設定

ストーリーエディターウィンドウに表示される項目は変更できます。ス
トーリーエディターウィンドウが表示された状態で、メニューバーの［表
示］をクリックし、［ストーリーエディター］をクリックすると、項目の
表示・非表示を切り替えることができます。

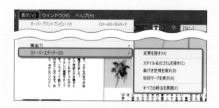

 ストーリーエディターのテキスト表示

メニューバーの［編集］（Macでは［InDesign］）をクリックし、［環境設定］
→［ストーリーエディター］をクリックして表示される［環境設定］ダイ
アログボックスで、ストーリーエディターのテキスト表示に関する設定
を変更できます。

実践編

文字の向きを調整しよう

縦組み中の半角英数字は、向きが横倒しになってしまうため、
縦中横や縦組み中の欧文回転の機能を使って、文字の向きを調整します。

縦中横で文字の向きを調整する

① テキストに注目すると(ここでは、右ページの1段目)、半角英数字の向きが横倒しになっていることがわかります。

半角英数字の向きが横になっている

② [縦組み文字]ツールで2桁の数字(ここでは「35」)を選択し**①**、[文字形式]コントロールパネルの[縦中横]にチェックを入れます**②**。

✓ 縦中横

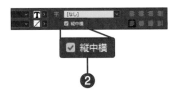

💡 テキストフレームにカーソルを入れた状態で、ダブルクリックすると単語を選択、3回クリックすると行を選択、4回クリックすると段落を選択できます。

③ テキストの向きが変わりました。しかし、修正箇所が多い場合、この方法は手間がかかり効率的ではありません。[文字形式]コントロールパネルの[縦中横]にチェックを外し**①**、元に戻します。

向きが変わった

□ 縦中横

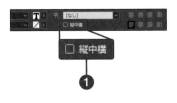

自動縦中横設定と縦組み中の欧文回転で文字の向きを調整する

① テキストフレームにカーソルを入れ、Ctrl（command）+Aを押してテキストをすべて選択します**①**。[段落]パネルを表示し、パネルメニューより[自動縦中横設定]をクリックします**②**。

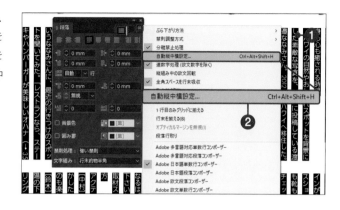

② [自動縦中横設定]ダイアログボックスが表示されます。[数字の縦中横]に桁数を入力し（ここでは「2」）**①**、[OK]をクリックします**②**。

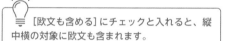

💡 [欧文も含める]にチェックと入れると、縦中横の対象に欧文も含まれます。

③ 2桁までの数字の向きが変わりました。3桁以上の数字や欧文はそのままです。テキストをすべて選択したまま**①**、[段落]パネルのパネルメニューより[縦組み中の欧文回転]をクリックします**②**。

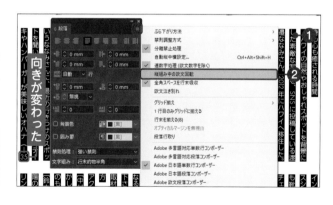

💡 自動縦中横設定と縦組み中の欧文回転の対象は、段落単位になります。ここでは、連結したテキストに対して処理されます。

④ 自動縦中横により、2桁までの数字の向きが、縦組み中の欧文回転により、3桁以上の数字と欧文の向きが変わりました。

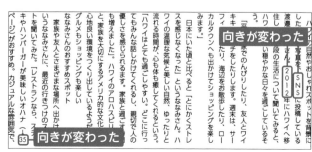

💡 自動縦中横設定と縦組み中の欧文回転は、重ねて使用できます。

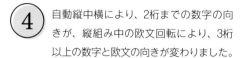
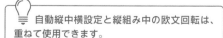

異体字に変換しよう

異体字とは、読み方や意味が同じで、字の形が異なる文字のことです。
旧字など特殊な文字を使用したい場合、[字形] パネルを使うとかんたんに変換できます。

異体字に変換する

① メニューバーの [ウィンドウ] をクリックし**❶**、[書式と表] → [字形] をクリックして**❷**、[字形] パネルを表示します。

② [表示] の ⌄ をクリックし**❶**、[選択された文字の異体字を表示] をクリックします**❷**。

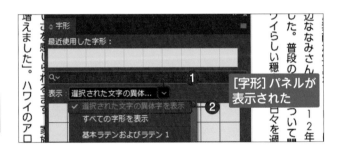

💡 [表示] では、[字形] パネルに表示する内容を切り換えることができます。

③ [縦組み文字] ツールで、異体字に変換したい文字 (ここでは「辺」) をドラッグして選択すると**❶**、[字形] パネルに選択した文字の異体字が表示されます。

💡 選択した文字の右下にも、異体字の候補が表示されます。

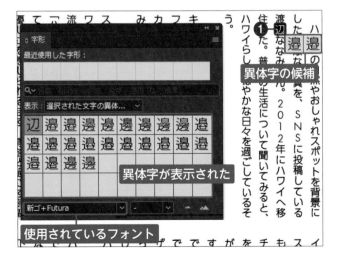

④ 適用したい異体字をダブルクリックすると❶、選択した文字が異体字に変換されます。

💡 一度適用した異体字は、一覧の左上に移動します。

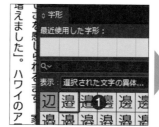
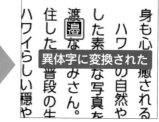

⑤ Esc を押して編集を完了し、仕上がりを確認します。

字形セットを作成する

① [字形]パネルのパネルメニューより、[新規字形セット]をクリックします❶。

② [新規字形セット]ダイアログボックスが表示されます。[名前]にセット名を入力し（ここでは「旅行情報誌」）❶、[OK]をクリックします❷。

③ 字形セットに追加したい異体字をクリックし❶、パネルメニューより、[字形セットに追加]→[旅行情報誌]をクリックします❷。

④ [表示]の ▼ をクリックし❶、[旅行情報誌]をクリックすると❷、字形セットに追加した異体字のみ表示されます。使用頻度が高い異体字は、字形セットに追加してまとめておくと、探す手間が省けます。

見出しを作成しよう

フレームグリッド内の見出しは、行取りや段抜きの機能を使うと効率的に作成できます。
ここでは、大見出しと小見出しを作成しましょう。

大見出しを作成する

① [縦組み文字] ツールで大見出しにあたる
テキスト (ここでは「現地在住・ななみ
さん～」) を選択し①、①～⑦の設定を
行って大見出しを段抜きで作成します。

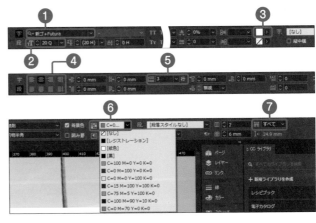

❶フォント	新ゴ+Futura
❷フォントサイズ	20Q
❸塗り(文字)カラー	紙色
❹行揃え	中央揃え
❺行取り	3
❻背景色	チェック M=70 (事前に作成し[スウォッチ] パネルに追加しておく) 濃淡100%([段落の背景色])
❼段抜き	すべて

💡 ❼が表示されない場合は、[段落] パネルのパネルメニューから [段抜きと段分割] をクリックし、[段抜きと段分割] ダイ
アログボックスで設定しましょう (171ページ参照)。

② [段落スタイル] パネルを表示し、テキ
ストを選択したまま、段落スタイル [大
見出し] を作成します (82ページ参照)。

💡 行取りとは、テキストを複数行で割り付け
る機能で、フレームグリッドを使用する際に使
います。見出しを作成する際に便利です。

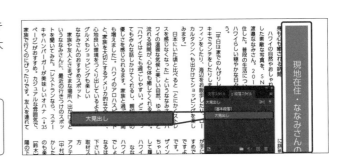

次の大見出しに当たるテキスト（「取材スタッフ・中村と鈴木〜」）の冒頭にカーソルを入れ❶、メニューバーの[書式]をクリックし❷、[分割文字を挿入]→[改ページ]をクリックして❸、左ページに改ページします。

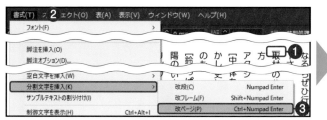

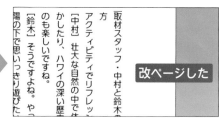

改ページした

 大見出しに当たるテキスト（「取材スタッフ・中村と鈴木〜」）を選択して段落スタイル［大見出し］を適用し、仕上げます。

段落スタイルを適用して仕上げる

小見出しを作成する

❶ ［縦組み文字］ツールで小見出しに当たるテキスト（ここでは「身も心も〜」）を選択し❶、❶〜❺の設定を行って小見出しを作成します。

❶フォント	新ゴ+Futura
❷フォントサイズ	15Q
❸塗り（文字）カラー	M＝70
❹行揃え	左揃え （縦組みでの表示は上揃え）
❺行取り	3

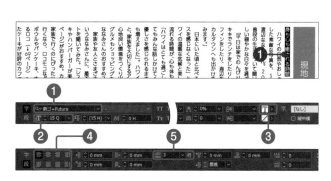

❷ テキストを選択したまま、段落スタイル［小見出し］を作成します（82ページ参照）。Escを押してテキスト編集を解除します。

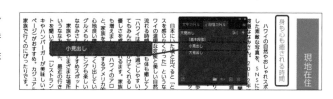

③ Ｗを押して標準モードにし、グリッドを表示します。[縦組み文字]ツールで次の小見出しにあたるテキスト（ここでは「グルメもショッピングも〜」の2行分）を選択し❶、段落スタイル[小見出し]をクリックすると❷、各行が3行取りになってしまいます。Alt（option）を押しながら[段落スタイル]パネルの[新規段落スタイルを作成]⊞をクリックします❸。

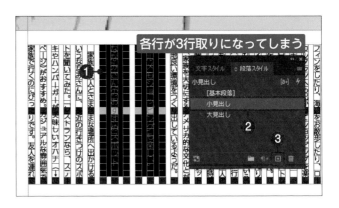

④ [新規段落スタイル]ダイアログボックスが表示されます。[スタイル名]に名前を入力し（ここでは「小見出し段落行取り」）❶、[基準]で先に作成した段落スタイル[小見出し]を選択します❷。これで、[小見出し]の設定を流用して、新しい段落スタイルを作成できます。[選択範囲にスタイルを適用]にチェックを入れます❸。

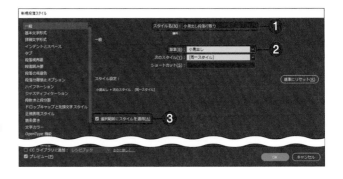

⑤ 左側のリストの[グリッド設定]をクリックし❶、[段落行取りを使用]にチェックを入れ❷、[CCライブラリに追加]のチェックを外し❸、[OK]をクリックします❹。

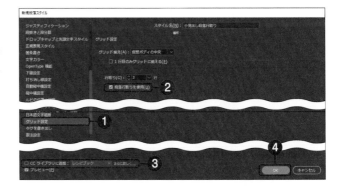

⑥ 段落スタイル[小見出し段落行取り]が作成されました。まだ各行が3行取りになったままです。これは、段落行取りが段落（改行）ごとに適用されるためです。

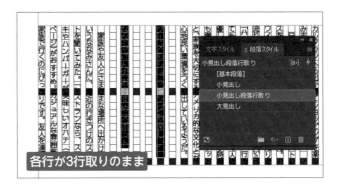

7 2行目の冒頭にカーソルを入れて`Back space`（`delete`）で前行に送り**❶**、`Shift`＋`Enter`（`return`）を押して強制改行すると、2行で3行取りになります。

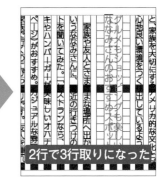

2行で3行取りになった

小見出し段落行取りにあたるのは、ここで仕上げた1箇所のみです。小見出し（計5ヶ所）にあたる箇所に、段落スタイルを適用して仕上げましょう。

 ## 段落境界線

［段落境界線］の機能を使って、テキストに境界線を付けることができます。テキストを選択し、［段落］パネルのパネルメニューから［段落境界線］をクリックし、［段落境界線］ダイアログボックスを表示します。
境界線は、段落の前（前境界線）と後（後境界線）に付けることができます。境界線を付けるには、［境界線を挿入］にチェックを入れ、境界線の［線幅］で線の太さ、［オフセット］でテキストと境界線の距離を設定します。また、［幅］で［段］を選択すると、テキストフレームの幅と同じ長さの境界線に、［テキスト］を選択すると、テキストと同じ長さの境界線になります。段落境界線は、テキストの書式属性の1つであるため、フォントサイズや文字数に変更があっても、そのまま継続して付与されます。

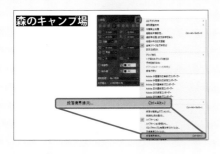

 ## 一度で複数の段落スタイルを適用する

［次のスタイル］の機能を使って、複数の段落に対して、一度で複数の段落スタイルを適用できます。
あらかじめ複数の段落スタイルを作成しておきます。たとえば、上から段落スタイル［大見出し］［小見出し］［本文］の順に適用したい場合、［大見出し］をダブルクリックして［段落スタイルの編集］ダイアログボックスを表示し、［次のスタイル］に［小見出し］を、［小見出し］の［次のスタイル］に［本文］を設定します。
段落スタイルを準備できたら、すべてのテキストを選択し、［段落スタイル］パネルの［大見出し］で右クリック（Macは`Ctrl`を押しながらクリック）し、表示されるメニューから［″大見出し″を適用して次のスタイルへ］をクリックします。すると、複数の段落に対して、一度に複数の段落スタイルを適用できます。

テキストにグラフィックを挿入しよう

インライングラフィックは、テキストに挿入したアンカー付きオブジェクトで、
テキストと同様に動作し、テキストの増減に応じて流れます。

テキストにグラフィックを挿入する

① サンプルファイルの「travel_icon.indd」を開きます。テキストに挿入するグラフィック（ここでは、「travel_icon.indd」の中にあるアイコン）を［選択］ツールでクリックして選択し、コピーします**❶**。

> 💡 ［編集］→［コピー］
> Ctrl （ command ）+ C

② レイアウトデータ「旅行情報誌.indd」に戻り、Wを押してプレビューモードにし、グリッドを非表示にします（48ページ参照）。グラフィックを挿入する箇所（ここでは、「35ページ」の前の↓）を選択し**❶**、ペーストして上書きします。Escを押してテキスト編集を解除します。

> 💡 ［編集］→［ペースト］
> Ctrl （ command ）+ V

グルメもショッピングも楽しいななみさんのおすすめスポット

家族や友人とさまざまな場所へ出かけるといういうななみさんに、最近の行きつけのスポットを聞いてみた。「レストランなら、スーキやハンバーガーが美味しいオハナページ」がおすすめ。カジュアルな雰囲気で、家族で行くのにぴったりです。友人を連れて

❶ 35

グルメもショッピングも楽しいななみさんのおすすめスポット

家族や友人とさまざまな場所へ出かけるといういうななみさんに、最近の行きつけのスポットを聞いてみた。「レストランなキやハンバーガーが美味しいオページ」がおすすめ。カジュアルな家族で行くのにぴったりです。友

ペーストできた

気で、ステー35連れて

③ テキストにグラフィックを挿入できました。[選択]ツールで挿入したグラフィックをクリックして選択すると、⛓ が表示されていることがわかります。これは、アンカー付きオブジェクトであることを表しています。

💡 手順①でコピーしたグラフィックは右向きの矢印であるのに、ペーストしたグラフィックは下向きの矢印になっています。これは、縦組みのテキストにペーストしたためです。

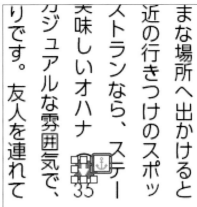

④ インライングラフィックは、テキストと同様に動作するため、[縦組み文字]ツールでインライングラフィックを選択できます❶。[文字形式]コントロールパネルの[文字前のアキ][文字後のアキ]を「四分」にすると❷、インライングラフィックの前後に四分のアキが入ります。Escを押してテキスト編集を解除します。

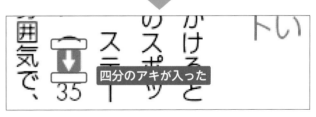

四分のアキが入った

 アンカー付きオブジェクト

特定のテキストに関連づけられた（アンカーで固定された）グラフィックのことをアンカー付きオブジェクトといいます。インライングラフィックは、テキストに挿入したアンカー付きオブジェクトで、テキストと同様に動作し、テキストの増減に応じて流れます。

Shiftを押しながら ⛓ をドラッグすると、インライングラフィックをテキスト内で移動できます。

Alt（option）を押しながら ⛓ をクリックすると、[アンカー付きオブジェクトオプション]ダイアログボックスが表示されます。[親文字からの距離]で[カスタム]をクリックし、[アンカー付き位置]の設定により、テキストフレームの外にグラフィックを配置して関連づけることもできます。

実践編

テキストを検索・置換しよう

インライングラフィック（212ページ参照）は便利ですが、挿入箇所が多い場合は、手間がかかります。
指定したテキストを検索してコピーしたグラフィックに置換すると、効率が上がります。

テキストをグラフィックに置き換える

① ［縦組み文字］ツールで213ページで挿入したインライングラフィックをクリックし、コピーします❶。

② メニューバーの［編集］をクリックし❶、［検索と置換］をクリックします❷。

> 💡 ［編集］→［検索と置換］
> Ctrl（command）+ F

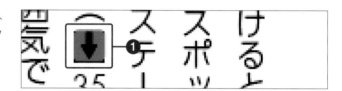

③ ［検索と置換］ダイアログボックスが表示されます。［検索文字列］に検索するテキストを入力します（ここでは「→」）❶。［置換文字列］の @ をクリックし❷、［その他］→［クリップボードの内容（書式設定あり）］をクリックします❸。

> 💡 クリップボードとは、コピー情報を一時的に保存している領域のことです。ここでは、手順①でコピーした書式設定（文字前後のアキ）があるインライングラフィックの情報を使用します。

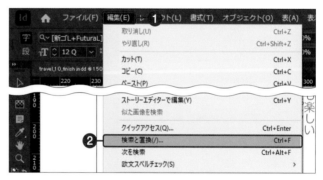

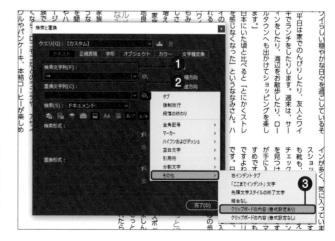

④ ［置換文字列］に「^c」と入力されます。
［次を検索］をクリックし**❶**、該当箇所
（ここではそのほかの「→」）を検索して、
［置換］をクリックします**❷**。

💡 ［検索］では、検索範囲を設定できます。テ
キストフレームにカーソルが入っていない場合、
［ドキュメント］か［すべてのドキュメント］を指
定できます。カーソルが入っている場合は、［ス
トーリー］［ストーリーの最後］も選択できます。

⑤ 「→」が文字前後のアキが四分のインラ
イングラフィックに置換されました。
同様に、［次を検索］と［置換］を繰り返
すか、［すべてを置換］をクリックし、
すべての「→」（3箇所、Section10を含め
ると計4箇所）をグラフィックに置換し
ます。

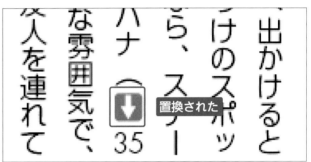

対談文を作成しよう

先頭文字スタイルを使うと、段落の先頭から指定した文字までに、
自動で文字スタイルを適用できます。

先頭文字スタイルを作成する

1 後に作成する文字スタイルで使用するカ
ラーを事前に作成しておきましょう。
ツールパネルの[カラーテーマ]ツールを
長押しし①、[スポイトツール]をクリック
します②。右ページ上部の画像をク
リックして画像からカラーを抽出し③、
[スウォッチ]パネルに追加します④。

2 [縦組み文字]ツールで対談文を一段落
分選択します①。[段落スタイル]パネ
ルを表示し(82ページ参照)、Alt
(option)を押しながら[新規段落スタイ
ルを作成] をクリックします②。

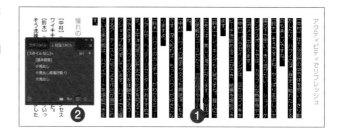

3 [新規段落スタイル]ダイアログボック
スが表示されるので、[スタイル名]に
スタイル名(ここでは「対談」)を入力し
①、[選択範囲にスタイルを適用]に
チェックを入れ②、[CCライブラリに
追加]のチェックを外します③。

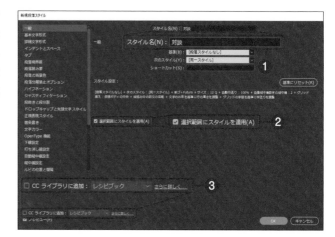

④ 左側のリストの［ドロップキャップと先頭文字スタイル］をクリックします❶。［先頭文字スタイル］の［新規スタイル］をクリックし❷、先頭文字スタイルを作成します。

⑤ ▽をクリックし❶、［新規文字スタイル］をクリックします❷。［新規文字スタイル］ダイアログボックスが表示されるので、［スタイル名］にスタイル名（ここでは「名前」）を入力します❸。

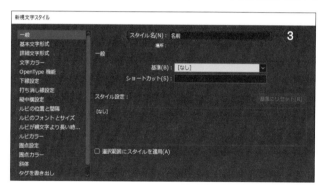

⑥ 左側のリストの［文字カラー］をクリックし❶、カラー（ここでは手順①で作成した水色）をクリックして❷、［OK］をクリックします❸。

💡 手順①で作成した水色の数値が同じである必要はありません。画像上のどこをクリックするかによって、抽出されるカラー値は変わります。

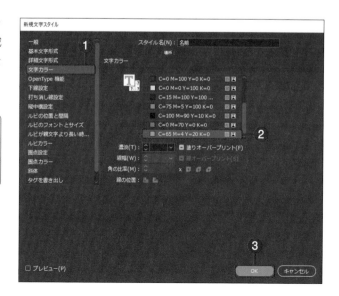

⑦ 文字スタイル［名前］が作成されました。
■をクリックし❶、表示されるリスト
から［文字］をクリックします❷。任意
の文字を入力できるようになるので、こ
こでは「」」と入力します❸。■をク
リックし❹、［を含む］をクリックしま
す❺。これで、段落の先頭から「」」まで
に、文字スタイル［名前］が適用されます。
［OK］をクリックします❻。

💡 「」」は文中と同じ文字列を入力しないと、
正しい結果が得られません。うまくいかない場
合は、文中の「」」をコピーして、入力ボック
スにペーストするとよいでしょう。

💡 Macでは、❶や❹の■が最初は表示され
ておらず、表示部分をクリックすると表示され
ます。

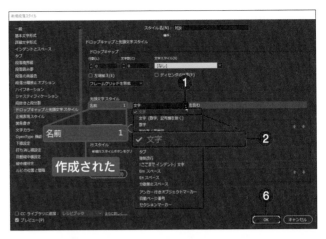

⑧ 段落スタイル［対談］が作成されました。
対談文の冒頭の名前に、先頭文字スタイ
ルが適用されました。

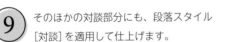

⑨ そのほかの対談部分にも、段落スタイル
［対談］を適用して仕上げます。

ドロップキャップ

ドロップキャップの機能を使うと、段落最初の文字を数行分で割り付けることができます。段落内にマウスカーソルを入れ、[行のドロップキャップ数] 📱 に何行使うかを設定し、[1またはそれ以上の文字のドロップキャップ] 📱 で何文字使うかを設定します。

2行で1文字

2行で3文字

サンプルテキストの割り付け

テキストの内容は未定の状態で、レイアウトのラフを作成する際、サンプルテキストを割り付けると完成形をイメージしやすくなります。サンプルテキストを割り付けるには、[選択] ツールでテキストフレームをクリックして選択し、メニューバーの[書式]をクリックして、[サンプルテキストの割り付け] をクリックします。すると、サンプルテキストでテキストフレームが埋まります。

なお、割り付けられるサンプルテキストは、ランダムであるため、毎回同じ内容ではありません。

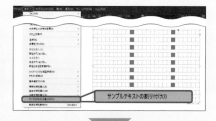

テキストの回り込みを設定しよう

［テキストの回り込み］パネルを使って、テキストを画像に回り込ませることができます。
特定のテキストフレームの回り込みを無視することもできます。

テキストを画像に回り込ませる

(1) メニューバーの［ウィンドウ］をクリックし❶、［テキストの回り込み］をクリックします❷。

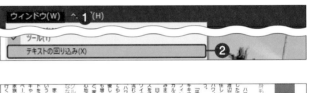

(2) ［テキストの回り込み］パネルが表示されます。［選択］ツールで194ページで作成した画像（travel2.psd）をクリックして選択し❶、図を参考に右ページのテキストフレームの中央付近に移動します。

💡 画像の位置によっては、テキストフレームに重なって選択しづらいかもしれません。その場合は、[Ctrl]（[command]）を押しながらクリックすると、クリックするごとに重なっているフレームを前面から順次選択できます。

(3) 画像を選択したまま、［テキストの回り込み］パネルの［境界線ボックスで回り込む］ 📧 をクリックし❶、オフセットに画像とテキストの距離を入力して（ここでは各「2mm」）❷、テキストを画像に回り込ませます。

💡 回り込みにより、左ページのテキストが見えなくなった場合、左ページのテキストフレームにカーソルを入れ、[Back space]（[delete]）を押して、改ページされている大見出し（209ページ参照）を前に送って下さい。

テキストの回り込みを無視する

① ［文字］レイヤーを選択し、空いているところに［横組み文字］ツールでテキストを入力し（ここでは「ななみさん」）❶、下記の設定をします。

フォント	A-OTF UD新ゴ Pr6N
フォントサイズ	8Q
塗り（文字）カラー	［黒］
行揃え	左揃え

② 作成したテキストフレームを画像の右下に重なるように移動すると、テキストの回り込みの影響を受け、テキストフレームがオーバーセットします。［選択］ツールで Alt（ option ）を押しながらテキストフレームをダブルクリックします❶。

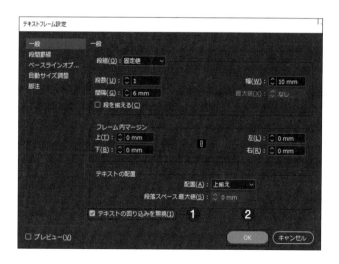

③ ［テキストフレーム設定］ダイアログボックスが表示されます。［テキストの回り込みを無視］にチェックを入れ❶、［OK］をクリックします❷。

④ テキストの回り込みが無視され、テキストフレームのオーバーセットが解消されました。

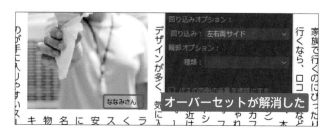

実践編

タイトルを作成しよう

白フチ文字にすると、画像の上に配置したテキストが見やすくなります。
また、[パスファインダー] の機能を使うと、基本図形を組み合わせて別の形にすることができます。

タイトルを作成する

① [レイヤー] パネルの [画像] レイヤーをロックし❶、[文字] レイヤーをクリックします❷。作業しやすいように右ページの上部を拡大します。

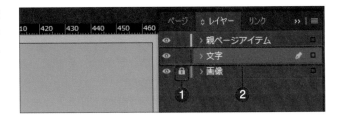

② [横組み文字] ツールでテキストを入力し (ここでは「私のハワイの過ごし方」)、下記の設定をします❶。

フォント	A-OTF UD新ゴ Pr6N L
フォントサイズ	50Q
行送り	自動 (87.5H)
行揃え	均等配置 (最終行左 / 上揃え)

③ [選択] ツールでテキストフレームを選択し、[J] を押してテキスト選択モードにして、下記の設定をします❶。

❶塗り (文字) カラー	黒
❷線カラー	紙色
❸線幅	1mm
❹角の形状	ラウンド結合
❺線の位置	線を外側に揃える

④ [横組み文字] ツールでテキストの一部を選択し（ここでは「過ごし方」）❶、塗り（文字）カラーを以下の設定にします❷。設定後、[Esc]を押してテキスト編集を解除します。

塗り（文字）カラー	C=0、M=70、Y=0、K=0

サブタイトルを作成する

① 吹き出しのもとになる楕円形を [楕円形] ツールで、三角形を [ペン] ツール（124ページ参照）で、以下の設定で作成し、少し重なるように配置します❶。

楕円形のサイズ	幅80mm、高さ15mm
三角形のサイズ	右図を参考になりゆきで
図形のカラー	塗り「紙色」、線「なし」

② メニューバーの [ウィンドウ] をクリックし❶、[オブジェクトとレイアウト] → [パスファインダー] をクリックして❷、[パスファインダー] パネルを表示します。楕円形と三角形を選択し❸、[パスファインダー] の [合体] をクリックして❹、図形を合体して吹き出しにします。

③ [横組み文字] ツールでテキストを入力し（ここでは「ハワイ好きに聞いてみました」）❶、下記の設定をして、吹き出しの上に配置して仕上げます。

フォント	A-OTF UD新ゴ Pr6N L	行揃え	均等配置（最終行左 / 上揃え）
フォントサイズ	20Q	塗り（文字）カラー	黒
行送り	自動（35H）	線カラー	なし

表を作成しよう

テキストフレームの中に表を作成できます。
ここでは、区切りテキストを表に変換してみましょう。

表用のテキストを配置する

1 [画像レイヤー]のロックを解除し、左ページに仮置きしている画像の配置を右図のように整えます**❶**。また、[画像]レイヤーをクリックして最下段のガイド内に背景の長方形を[長方形]ツールで作成し（ここではC＝0、M＝5、Y＝10、K＝5）、最背面に移動して（141ページ参照）**❷**、表を作成するスペースを用意します。作成後、[画像]レイヤーはロックし、[文字]レイヤーをクリックして選択し**❸**、見出しを作成します**❹**。

フォント	A-OTF UD新ゴ Pr6N L
フォントサイズ	25Q
行送り	35H
行揃え	均等配置（最終行左揃え）
塗り（文字）カラー	黒
線カラー	紙色
線幅	1mm
角の形状	ラウンド結合
線の位置	線を外側に揃える

2 手順③で横組みのテキストを配置するため、メニューバーの[書式]をクリックし**❶**、[組み方向]→[横組み]をクリックします**❷**。

③ メニューバーの［ファイル］をクリック
して［配置］をクリックし、［配置］ダイ
アログボックスを表示して（118ページ
参照）、配置したいテキストファイルを
選択します（ここでは「travel_table.txt」）
❶。すべてのチェックを外して❷、［開
く］をクリックします❸。

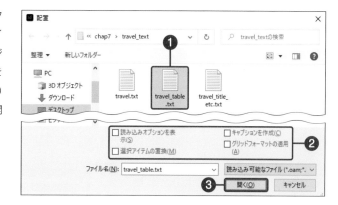

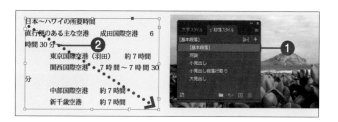

④ 不要なスタイルとのリンクを防ぐため、
［段落スタイル］パネルを表示して［基本
段落］をクリックし❶、ドラッグしてテ
キストフレームを作成すると❷、その
中にテキストが配置されます。

［段落スタイル］パネルの［基本段落］は、デフォルトで用意されているスタイルです。独自で作成したスタイルは、複雑
な属性を含むことが多く、不要に属性を引き継ぐことを避けたいときに使うと便利です。

⑤ ［選択］ツールでテキストフレームをダ
ブルクリックしてカーソルを表示し、テ
キストをすべて選択して❶、コントロー
ルパネルで以下のようにテキストの設定
をします。設定後、 Esc を押してテキス
トの編集を解除します。

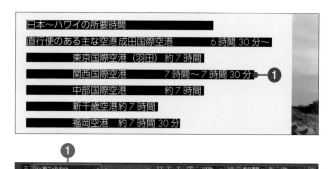

❶フォント	新ゴ+Futura
❷フォントサイズ	10Q
❸行送り	自動（17.5H）
❹行揃え	均等配置（最終行左揃え）

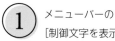

区切りテキストを表に変換する

① メニューバーの［書式］をクリックし❶、
［制御文字を表示］をクリックします❷。

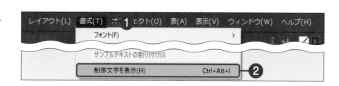

② Ｗを押して標準モードにすると、制御文字が表示されます。 » はタブを、 ¶ は段落（改行）を、 # はストーリー（テキスト）の最後を表す制御文字です。1行のテキストがタブ、タブ、段落で区切られていることがわかります。

制御文字が表示された

③ テキストをすべて選択します**①**。メニューバーの[表]をクリックし**②**、[テキストを表に変換]をクリックします**③**。

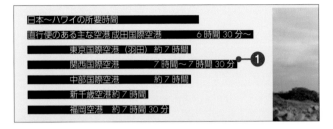

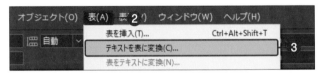

④ [テキストを表に変換]ダイアログボックスが表示されます。[列分解]で[タブ]をクリックし**①**、[行分解]で[段落]をクリックし**②**、[OK]をクリックします**③**。

⑤ タブが入っている箇所で列分解され、段落（改行）が入っている箇所で行分解され、テキストが表に変換されました。

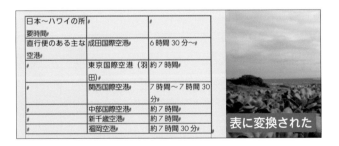

表に変換された

⑥ メニューバーの[書式]をクリックし**①**、[制御文字を隠す]をクリックし**②**、制御文字を隠します。

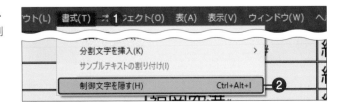

セルを結合しテキストを整える

① ［横組み文字］ツールで1行目の左端に
カーソルを合わせ、→| が表示されたら
クリックして❶、行を選択します。

💡 表を構成するマス目のことをセルといい、
その中にテキストが入力されています。セルに
カーソルが入った状態で Esc を押すごとに、セ
ル選択とテキスト選択を切り替えることができ
ます。

② メニューバーの［表］をクリックし❶、
［セルを結合］をクリックします❷。

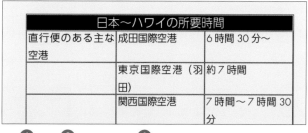

③ 1行目のセルが結合しました。そのままコ
ントロールパネルで以下のようにテキス
トの設定をします。設定後、ツールパネ
ルの［選択］ツールをクリックしてテキス
トの編集を解除します。

❶フォントサイズ	12Q
❷行送り	自動（21H）
❸行揃え	中央揃え

④ ［横組み文字］ツールで1列2行目から7行
目までをドラッグして選択し❶、メ
ニューバーの［表］をクリックし、［セル
を結合］をクリックして、セルを結合し
ます。

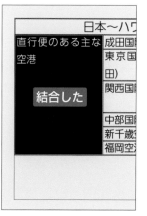

実践編

⑤ そのままコントロールパネルの [配置] で [中央揃え] を ❶、[行揃え] で [中央揃え] を ❷、[組み方向] で [縦] をクリックすると ❸、セルの中で中央配置になり、テキストが中央揃えで縦組みになります。設定後、[選択] ツールをクリックしてテキストの編集を解除します。

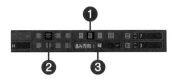

表のセル幅を整える

① [横組み文字] ツールで1列目の上端にカーソルを合わせ、➡ が表示されたらクリックして ❶、列を選択します。

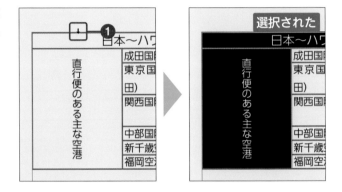

② メニューバーの [ウィンドウ] をクリックし ❶、[書式と表] → [表] をクリックして ❷、[表] パネルを表示します。

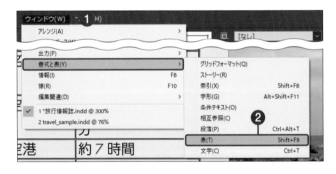

③ [表] パネルの [列の幅] に「10㎜」と入力し ❶、一列目の幅を整えます。

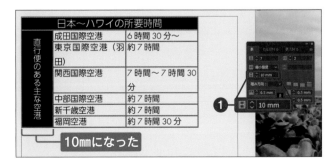

④ 同様に、2列目を選択して❶、「30㎜」と入力し❷、3列目を選択して❸、「30㎜」と入力します❹。

💡 [行の高さ]は初期設定で[最小限度]になっていて、セル内のテキスト量に応じて自動的に変動するようになっています。指定値にしたい場合は、[指定値を使用]をクリックし、数値入力します。ただし、指定値を越えて入力されたテキストは表示されなくなるので注意しましょう。

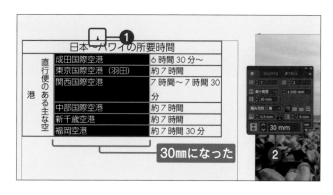

30mmになった

30mmになった

表のセルの余白を整える

① 表の左上の角にカーソルを合わせ、✈が表示されたらクリックして❶、表全体を選択します。

日本〜ハワイの所要時間		
直行便のある主な空港	成田国際空港	6 時間 30 分〜
	東京国際空港（羽田）	約 7 時間
	関西国際空港	7 時間〜 7 時間 30 分
	中部国際空港	約 7 時間
	新千歳空港	約 7 時間
	福岡空港	約 7 時間 30 分

日本〜ハワイの所要時間		
直行便のある主な空港	成田国際空港	6 時間 30 分〜
	東京国際空港（羽田）	約 7 時間
	関西国際空港	選択された 時間〜 7 時間 30 分
	中部国際空港	約 7 時間
	新千歳空港	約 7 時間
	福岡空港	約 7 時間 30 分

実践編

② [表] パネルの [セルの余白] を上下左右
すべて「2㎜」と入力します❶。すると、
余白が増えた分、表が大きくなるため、
テキストフレームからあふれてアウト
ポートに 🔲 が表示される場合がありま
す（81ページ参照）。

③ [選択] ツールでテキストフレームの右
下のハンドルをダブルクリックすると
❶、テキストフレームが表にフィット
します。

表とセルの塗りカラーを整える

① 表全体を選択し（229ページ参照）❶、
コントロールパネルの [塗り] で表の塗
りカラー（ここでは「紙色」）を設定しま
す❷。

② 1行目を選択し（227ページ参照）❶、コントロールパネルの［塗り］を Shift を押しながらクリックして［カラー］パネルを表示し❷、1行目のセルの塗りカラー（ここでは「Y＝70」）を設定します ❸。

💡 CMYKスライダーが表示されていない場合は、パネルメニューより［CMYK］をクリックして切り替えましょう。

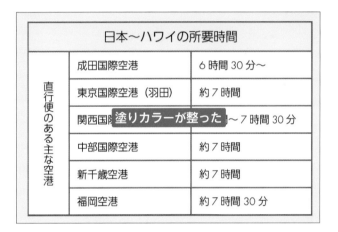

③ 表とセルの塗りカラーが整いました。

塗りカラーが整った

表の線幅を整える

① 表全体を選択し（229ページ参照）❶、コントロールパネルの対象線をクリックして水色にし（ここではすべての線）❷、［線幅］を「0.1mm」にします❸。

💡 設定の対象となる線を指定するには、クリックして選択し水色にします。再度クリックすると、対象から解除され水色ではなくなります。［線］パネル（109ページ参照）でも同様の設定ができます。

2 ［選択］ツールをクリックして、Ｗを押してプレビューモードにし、仕上がりを確認します。線幅が細くなり、表が整いました。

 最終的にテキストフレームを表にフィットさせておきましょう（74ページ参照）。

日本～ハワイの所要時間	
成田国際空港	6 時間 30 分～
東京国際空港（羽田）	約 7 時間
関西国際空港	7 時間～ 7 時間 30 分
中部国際空港	約 7 時間
新千歳空港	約 7 時間
福岡空港	約 7 時間 30 分

（直行便のある主な空港）

基本の表の作成

テキストフレームを作成し、カーソルが入った状態で、メニューバーの［表］をクリックし、［表を挿入］をクリックします。［表を挿入］ダイアログボックスが表示されるので、［本文行］と［列］の数を指定し、［OK］をクリックします。
テキストフレーム内に表が作成され、1つ目のセルにカーソルが点滅した状態からスタートするので、テキストを入力します。
次のセルに移動するには Tab 、1つ前のセルに移動するには Shift + Tab を押します。

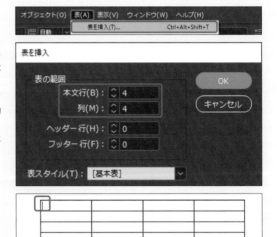

Excelの表を配置する

画像やテキストの配置と同様に、表計算ソフトのExcelで作成した表を配置できます。［配置］ダイアログボックス（119ページ参照）でExcelファイルをクリックして選択し、［読み込みオプションを表示］にチェックを入れて［開く］をクリックします。［読み込みオプション］ダイアログボックスが表示されるので、［シート］や［セル範囲］でExcelのシートやセル範囲を指定します。［テーブル］で［アンフォーマットテーブル］をクリックして［開く］をクリックし、配置すると、Excelの設定は破棄された表が配置されます。
Excelの表設定がInDesignで再現できるわけではないため、InDesignで配置後に表の設定をするとよいでしょう。

Chapter

8

文芸書を
作成しよう

ここでは、文芸書を作りながら、セクションの作成方法や、テキストの自動流し込み、ブックによる複数のドキュメントの管理について確認しましょう。これらの機能は、論文の作成や、複数のメンバーで作業するプロジェクトで役立ちます。

文芸書を作ってみよう

制作物のイメージ

本章では、文芸書を作りながら、セクションの作成方法や、テキストの自動流し込み、ブックによる複数のドキュメントの管理について確認します。親ページにセクション（柱）を作り、ドキュメントページでセクションに表示する文字列を設定します。

文芸書は、文字中心のレイアウトで長文で構成されます。

［テキストフレームの自動生成］の機能により、効率的にテキストを流し込みましょう。

ブックの機能を使うと、複数のドキュメントをまとめることができます。通し番号を付けたり、プリフライト、パッケージ、PDF書き出しなども一括で行うことができます。

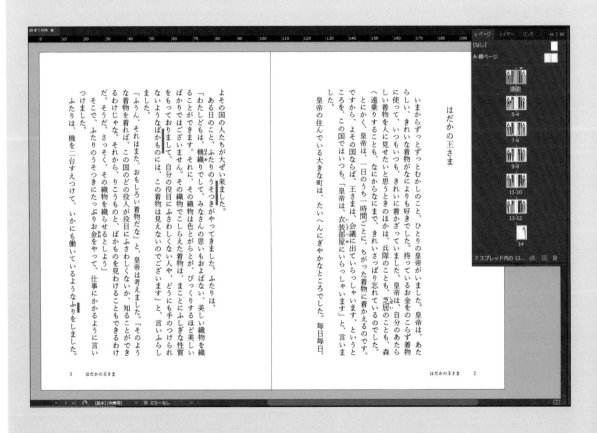

STEP❶ セクションを作成する

親ページにセクション(柱)を作ります。セクションは特殊文字で、親ページ上で「セクション」と表示されます。ドキュメントページのセクションに表示される文字列を

[ページ番号とセクションの設定]ダイアログボックスで設定すると、以降のページにセクションが継続されます。

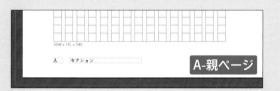

STEP❷ テキストを流し込む

[テキストフレームの自動生成]の機能により、テキストデータを配置することで、テキストの流し込みとペー

ジの追加を一気に実行します。また、ルビや圏点、目次用の段落スタイルの作成についても確認しましょう。

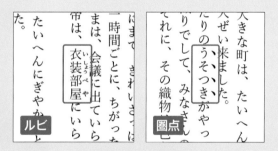

STEP❸ ブックで複数のドキュメントを管理する

ブックの機能を使って、複数のドキュメントをまとめることができます。通し番号を付けたり、プリフライト、パッケージ、PDF書き出しなども一括で行えます。

ブックパネルでドキュメントの順序を変更すると、順序に応じてページ番号(ノンブル)が更新されます。

実践編

ドキュメントを作成しよう

文芸書のレイアウトをするドキュメントを作成します。
ここでは、一般的な文庫本で採用されているA6サイズ（105mm×148mm）で作成します。

本文で使用するフォントをアクティベートする

① 新規ドキュメントを作成する前に、本文で使用するフォントをアクティベートしましょう。[文字] パネルを表示し（75ページ参照）、[フォントファミリ] の■をクリックして❶、フォント一覧を表示し [さらに検索] をクリックします❷。

💡 ドキュメントを開いていなくても、Adobe Fontsのアクティベートができます。Creative Cloud Desktopアプリからアクティベートする（70ページ参照）以外に、InDesignの [文字] パネルや [文字形式] コントロールパネルからもアクティベートできます。

② 検索ボックスに「游明朝」（ゆうみんちょう）と入力します❶。「結果が見つかりません。」と表示される場合、リンクをクリックすると❷、Adobe Fontsへ移動します。

💡 該当フォントがアクティベートもしくはインストールされている場合は、検索結果に表示されるので、クリックして選択します。

💡 Macでは、アクティベートされていなくても検索結果に「游明朝体 Pr6N」が表示されます。[アクティベートする] 💧 をクリックすると、アクティベートできます。

③ WebブラウザでAdobe Fontsのサイトが表示されます。検索ボックスに「游明朝」と入力し①、Enter（return）を押すと、「游明朝体 Pr6N」が表示されるので、[ファミリーを表示]をクリックし、[アクティベート]をクリックします②。

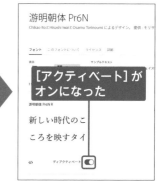

［アクティベート］がオンになった

④ InDesignに戻ります。「游明朝体 Pr6N」がアクティベートされ、フォント一覧から選択して使用できるようになりました。

アクティベートされた

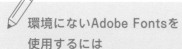

環境にないAdobe Fontsを使用するには

ファイルを開く際、使用しているInDesignでアクティベートしていないAdobe Fontsがあると、[環境にないフォント]ダイアログボックスが表示されます。
[アクティベート]をクリックすると、すぐにアクティベートできます。[スキップ]をクリックすると、アクティベートせずにファイルを開くことができます。
[フォントを置換]をクリックすると、[フォントの検索と置換]ダイアログボックスが表示されるので（270ページ参照）、フォントをアクティベートしたり、ほかのフォントに置換したりできます。
なお、[環境設定]ダイアログボックス（22ページ参照）の[ファイル管理]にある、[フォント]の[Adobe Fontsを自動アクティベート]にチェックを入れると、アクティベートされていないフォントが使用されているファイルを開く際に、自動でアクティベートされ、警告ダイアログボックスは表示されません。

Adobe Fontsであることがわかる

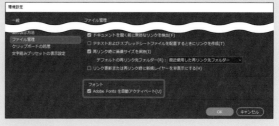

新規ドキュメントを作成する

① メニューバーの［ファイル］をクリックし、［新規］→［ドキュメント］をクリックして［新規ドキュメント］ダイアログボックスを表示します（50ページ参照）。［印刷］をクリックし①、［プリセットの詳細］の一番上の欄にファイル名を入力します（ここでは「hadakano_osama」）②。

② ［幅］に「105㎜」、［高さ］に「148㎜」と入力します①。ドキュメントの［方向］は縦置き をクリックして②、［綴じ方］は右綴じ を設定します③。

③ ［ページ数］は「1」、［開始ページ番号］は「1」を指定します①②。見開きにするので［見開きページ］にチェックを入れ③、［テキストフレームの自動生成］にチェックを入れます④。

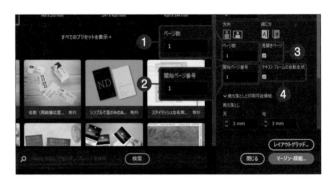

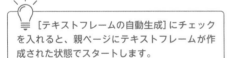
［テキストフレームの自動生成］にチェックを入れると、親ページにテキストフレームが作成された状態でスタートします。

④ ［裁ち落とし］は「3mm」、［印刷可能領域］は「0㎜」にします①②。ドキュメントの種類で［レイアウトグリッド］をクリックします③。

5 ［新規レイアウトグリッド］ダイアログボックスが表示されます。以下の❶〜❾の設定をし、［OK］をクリックします❶。

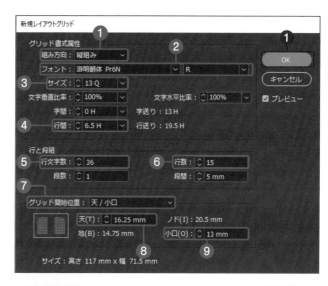

□ グリッド書式属性

❶組み方向	縦組み
❷フォント	游明朝体 Pr6N R
❸サイズ	13Q
❹行間	6.5H

□ 行と段組

❺行文字数	36
❻行数	15

□ グリッド開始位置

❼グリッド開始位置	天/小口
❽天マージン	16.25mm
❾小口マージン	13mm

> 💡 画面上のグリッドであるレイアウトグリッドのデフォルトカラーは、若菜色です。それに対し、テキストを入力するためのフレームグリッドは、格納されているレイヤーに割り当てられているカラーになります。［新規ドキュメント］ダイアログボックスで［テキストフレームの自動生成］にチェックを入れた場合、フレームグリッドによるプレビューになります。

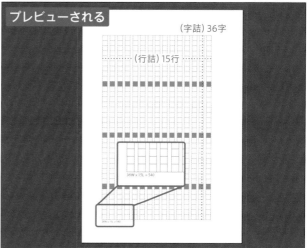

プレビューされる

（字詰）36字

（行詰）15行

6 新規ドキュメントが作成されました。親ページおよびドキュメントページには、自動生成フローが有効なフレームグリッドができます。［レイヤー］パネルを表示し、58ページを参照して、右図のようにレイヤーを作成します❶。

> 💡 ここまでできたら、60ページを参照して、「chap8」フォルダーの「story」フォルダー内にドキュメントを保存しておきましょう。

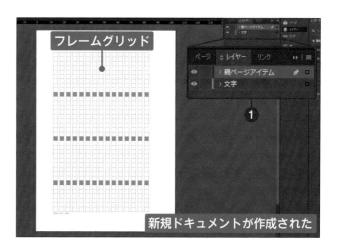

フレームグリッド

新規ドキュメントが作成された

8

文芸書を作成しよう

実践編

セクションを作成しよう

セクション（柱）は、章や節などの文章における構成単位のことです。
親ページでセクションを作成すると、ドキュメントページで指定した文字列が表示されます。

親ページにセクションを作成する

1 ［レイヤー］パネルで［親ページアイテム］レイヤーをクリックします❶。

2 ［ページ］パネルを表示します（44ページ参照）。新規ドキュメントを作成後は、［なし］［A-親ページ］と、［新規ドキュメント］ダイアログボックスの設定に応じたドキュメントページ（ここでは1ページから開始で1ページ）があります。［A-親ページ］の名前をダブルクリックし、ターゲットにします❶。

3 ［A-親ページ］がターゲットになりました。親ページに自動生成されたフレームグリッドがあることがわかります。［ズーム］ツールで左ページ下付近を拡大し（46ページ）、ノンブルとセクションを作成する位置がよく見えるように表示します❶。

💡 画面左下のページ番号ボックスでも、ターゲットページを確認できます。

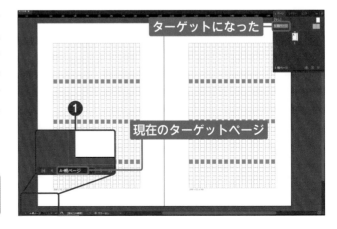

④ [横組み文字]ツールをクリックし❶、コントロールパネルで以下の❶〜❻の設定でテキストを入力して座標を指定し、ノンブル（132ページ参照）を作成します。

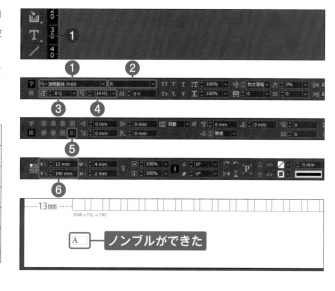

❶フォント	游明朝体 Pr6N
❷フォントスタイル	R
❸フォントサイズ	8Q
❹行送り	自動（14H）
❺行揃え	小口揃え
❻座標	基準点 ▨ [X] 13mm [Y] 140mm

⑤ 上記❶〜❺と同じ設定で、手順④で作成したノンブルの右横をドラッグしてテキストフレームを作成し❶、テキストフレーム内にカーソルが表示されたら、メニューバーの[書式]をクリックし❷、[特殊文字を挿入]→[マーカー]→[セクションマーカー]をクリックします❸。すると、テキストフレーム内に[セクション]と入力されます。

⑥ 入力後、[Esc]を押すと入力が完了し、テキストフレームが選択された状態になります。コントロールパネルの[W]に幅「30mm」、[H]に高さ「2mm」と入力します❶。

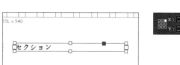

⑦ [選択]ツールでノンブルとセクションを選択し❶、ノンブルをクリックしてキーオブジェクトにします❷。[整列]パネルで[垂直方向上に整列] ▥ をクリックし❸、[等間隔に分布]の[間隔を指定]にチェックを入れて数値を入力し（ここでは「3㎜」）❹、[水平方向等間隔に分布] ▥ をクリックします❺。

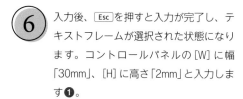
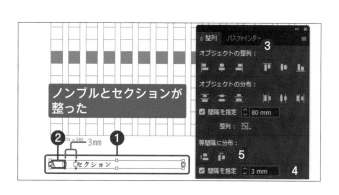

右ページにセクションを作成する

① [選択]ツールでノンブルとセクションを選択し**①**、Alt（option）+ Shift を押しながら右ページにドラッグし**②**、コピーします。

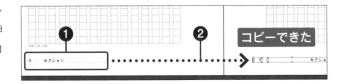

② コピーしたノンブルのみを選択し**①**、コントロールパネルの[基準点]▦の右上をクリックして**②**、[X]に「105*2-13」と入力し（単位は入力しなくてよい）**③**、Enter（return）を押して確定し、ノンブルを移動します。

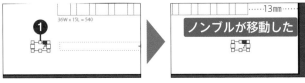

💡 ここでは、小口マージンが13mm、ドキュメントの幅105mmが見開きであることをもとに、上記のように入力します（105×2-13＝197）。座標については97ページを参照してください。

③ 右ページ用のノンブルとセクションを選択し**①**、ノンブルをクリックしてキーオブジェクトにします**②**。[整列]パネルで[等間隔に分布]の[間隔を指定]にチェックを入れて数値を入力し（ここでは「3mm」）**③**、[水平方向等間隔に分布]▮をクリックします**④**。

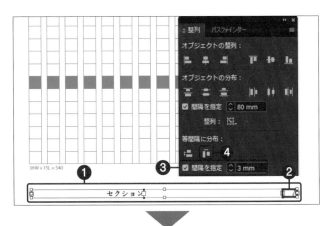

④ 右ページのノンブルとセクションが整いました。行揃えで小口揃えを指定していることにより、右ページの小口は右にあるため、自動的に右揃えになります。

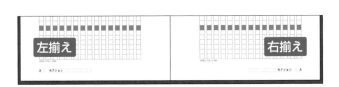

ドキュメントページでセクションを確認する

1 [ページ] パネルで1ページのページ番号をダブルクリックしてターゲットにすると❶、ページ番号が表示されていることがわかります。現時点では、目的のセクションは表示されていません。

ページ番号が表示された

2 1ページのページアイコンをクリックし❶、■ をクリックしてパネルメニューを表示して❷、[ページ番号とセクションの設定] をクリックします❸。

💡 ページアイコンの上部のセクションインジケーター ▼ をダブルクリックしても、[ページ番号とセクションの設定] ダイアログボックスを表示できます（137ページ参照）。

3 [ページ番号とセクションの設定] ダイアログボックスが表示されます。[セクションマーカー] にセクションを入力し（ここでは「はだかの王さま」）❶、[OK] をクリックします❷。

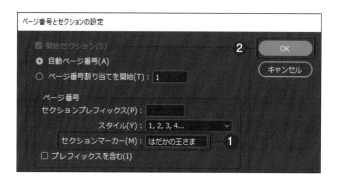

4 1ページのセクションが変わりました。ページを追加すると、自動的に同じセクションが表示されます。

💡 特定のページからセクションを変えるには、特定のページを選択して同様の操作を行います。1つのドキュメントには、複数のセクションを割り当てることができます。

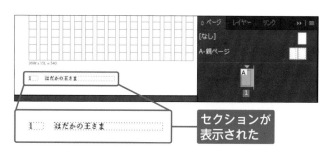

セクションが表示された

テキストを自動で流し込もう

テキストフレームの自動生成のフローを有効にすると、テキストの追加に応じて、
テキストフレームとページが自動生成されます。長文テキストの流し込み時に便利です。

長文テキストを流し込む

① [レイヤー] パネルで [文字] レイヤーを
クリックします**❶**。

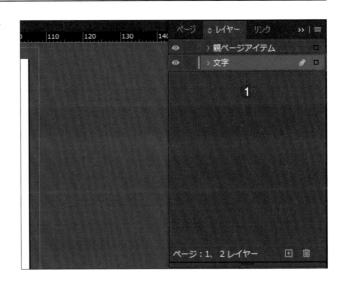

② メニューバーの [ファイル] をクリック
して [配置] をクリックし、[配置] ダイ
アログボックスを表示して (118ページ
参照)、配置したいテキストファイルを
選択し (ここでは「hadakano_osama.
txt」)**❶**、[グリッドフォーマットの適用]
にのみチェックを入れて**❷**、[開く] を
クリックします**❸**。

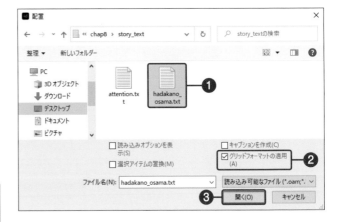

💡 [グリッドフォーマットの適用] にチェック
を入れない場合、フレームグリッドではなく、
プレーンテキストフレームができるので注意し
ましょう。

③ 配置を促すアイコンが表示されるので、テキストフレームをクリックし❶、テキストを配置します。

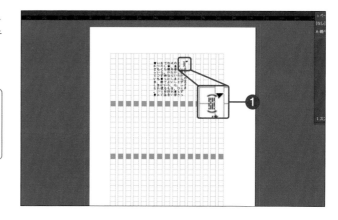

💡 組み方向が縦組みになっていない場合は、[Esc]を押して配置を取り消し、メニューバーから[書式]をクリックし[組み方向]→[縦組み]をクリックして、配置を再実行してください。

④ すべてのテキストが流し込まれるまで、テキストフレームとページが自動生成されました。

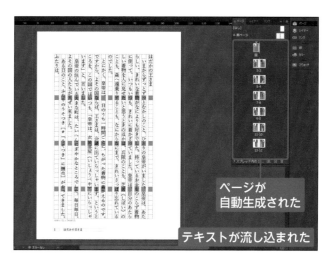

ページが
自動生成された

テキストが流し込まれた

✏️ スマートテキストのリフロー処理

スマートテキストのリフロー処理を使用すると、テキストの入力時や編集時に自動的にページを追加または削除できます。デフォルトでは、ドキュメントページのテキストフレームの末尾までテキストを入力すると、新しいページが追加され、追加された新しいテキストフレームで入力を続行できます。
スマートテキストのリフロー処理の設定は変更できます。メニューバーの[編集]（Macでは[InDesign]）をクリックし、[環境設定]→[テキスト]をクリックして、[環境設定]ダイアログボックスを表示します。[スマートテキストのリフロー処理]のチェックを外すと、リフロー処理が無効になります。
また、[空のページを削除]にチェックを入れると、テキストの減少に応じて発生した空のページが自動的に削除されます。

ルビをふろう

ルビとは、ふりがなのことです。
親文字を選択し、かんたんにルビをふることができます。

親文字にルビをふる

① Ｗを押してプレビューモードにし（48ページ参照）、フレームグリッドを非表示にします。［縦組み文字］ツールでルビをふりたい親文字（ここでは、1ページ5行目下部の「芝居」）をドラッグして選択します**❶**。

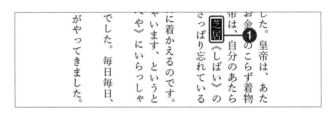

② ［文字］パネルを表示します。■をクリックしてパネルメニューを表示し**❶**、［ルビ］→［ルビの位置と間隔］をクリックします**❷**。

💡 **ルビの位置と間隔**
Ctrl（command）＋Alt（option）＋Ｒ

③ ［ルビ］ダイアログボックスが表示されます。ここでは、「芝居」に「しばい」とふるので、［ルビ］に「しば」と「い」の間をスペースで区切って入力し**❶**、［OK］をクリックします**❷**。

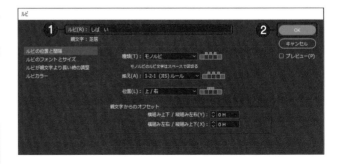

💡 親文字の各文字にふるルビを、モノルビといい、ルビをスペースで区切ります。各文字の読み方が明確な場合に使います。それに対し、向日葵《ひまわり》のような当て字の場合は、スペースで区切らないグループルビを使います。

ルビがふられました。「《しばい》」をドラッグして選択し❶、削除します。

💡 本章のテキスト内で、芝居《しばい》とある場合、親文字が「芝居」で、割り当てるルビが「しばい」であることを示します。ルビをふったら、《しばい》は削除しましょう。

親文字より長いルビを調整をする

① ルビをふりたい親文字（ここでは、1ページ9行目下部の「衣装部屋」）をドラッグして選択し❶、［ルビ］ダイアログボックスを表示して、［ルビ］にルビをスペースで区切って入力します❷。［プレビュー］にチェックを入れてプレビューすると❸、親文字「装」よりルビ「しょう」が長いため、親文字間が空いて見えます。

② ［ルビが親文字より長い時の調整］をクリックします❶。［ルビの文字幅を自動的に縮小］にチェックを入れると❷、指定値（初期値は66%）までルビの文字幅が調整されます。［OK］をクリックします❸。

③ ルビがふられました。「《いしょうべや》」をドラッグして選択し❶、削除します。

💡 本章のテキスト内で、ほかにもルビをふる箇所がありますので、練習してみましょう。

💡 ルビが不要になった場合は、親文字を選択し、［文字］パネルのパネルメニューを表示して［ルビ］→［なし］をクリックします。

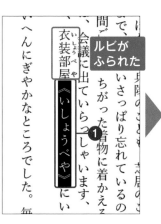

圏点をふろう

圏点（傍点ともいいます）とは、強調したい親文字にふる点のことです。
親文字を選択し、かんたんに圏点をふることができます。

親文字に圏点をふる

① [縦組み文字] ツールで圏点をふりたい親文字（ここでは、1ページ後ろから3行目の「うそつき」）をドラッグして選択します**❶**。

② [文字] パネルを表示します。■をクリックしてパネルメニューを表示し**❶**、[圏点]→[圏点設定] をクリックします**❷**。

💡 **圏点設定**
`Ctrl` (`command`) + `Alt` (`option`) + `K`

③ [圏点] ダイアログボックスが表示されます。[圏点種類] の▼をクリックし**❶**、リストから圏点の種類をクリックします（ここでは「ゴマ」）**❷**。

💡 [圏点設定] で親文字からの間隔などの設定が、[圏点カラー] で圏点のカラーの設定ができます。

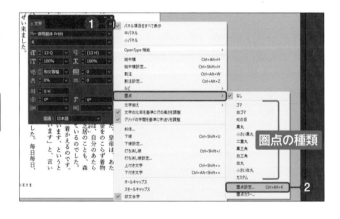

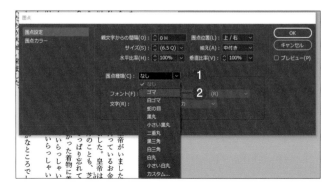

④ ［プレビュー］をクリックして仕上がりを確認し❶、［OK］をクリックします❷。

💡 圏点にはさまざま種類があります。パネルメニューのリストから、直接目的の圏点をクリックしてふることもできますが、その場合はプレビューすることはできません。

⑤ 圏点がふられました。「［#「うそつき」に圏点］」をドラッグして選択し❶、削除します。 Esc を押して、テキスト編集を解除します。

💡 本章のテキスト内で、うそつき［#「うそつき」に圏点］とある場合、圏点を割り当てる親文字が「うそつき」であることを示します。圏点ふったら、［#「うそつき」に圏点］は削除しましょう。

💡 本章のテキスト内で、ほかにも圏点をふる箇所がありますので、練習してみましょう。

💡 圏点が不要になった場合は、親文字を選択し、［圏点］→［なし］をクリックします。

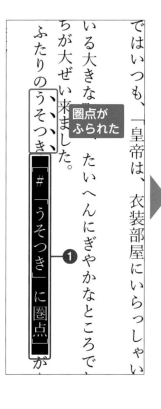

圏点がふられた

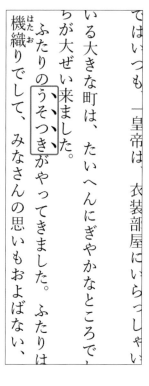

✏️ 圏点を文字スタイルとして登録する

圏点をふる箇所が多い場合は、文字スタイル（86ページ参照）として登録して活用すると、効率的に作業できます。
文字スタイルを使うと、ほかの箇所にかんたんに圏点をふれるだけでなく、圏点の設定を変更する際には、文字スタイルを編集して適用箇所をすべて更新することができます。

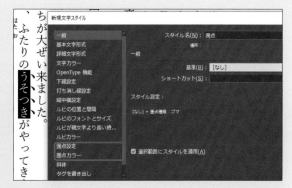

文字組みのアキ量を設定しよう

文字組みアキ量設定とは、文字と文字の間のアキ量の設定です。
文字の種類ごとにアキ量を調整することで、さまざまな文字組みを実現できます。

文字組みアキ量設定を確認する

① Ｗを押して標準モードにし（48ページ参照）、フレームグリッドを表示します。行頭の始め括弧の付近に注目すると（ここでは、1ページ後ろから2行目の「わたしどもは〜」付近）。行頭の始め括弧は、半角で組まれており、行中の句読点は、半角のアキ量を使って全角で組まれていることがわかります。

② メニューバーの［書式］をクリックして**①**、［文字組みアキ量設定］→［基本設定］をクリックします**②**。

③ ［文字組みアキ量設定］ダイアログボックスが表示されます。設定は大きく分けて、［約物］［連続する約物］［段落字下げ］［和欧間］の4つに分かれています。［文字組み］の▼をクリックし**①**、リストを表示します。

> 約物とは、括弧類や句読点、中黒「・」などの記号のことです。これらは半角幅であり、括弧類や句読点は50%（半角）、中黒は前後に25%のアキ量を使って、全角幅にしています。

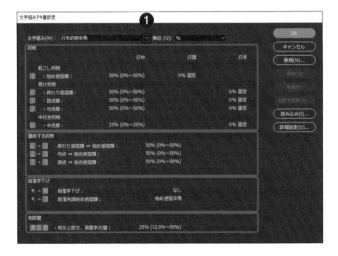

④ ［文字組み］には、14種類の文字組みアキ量設定が用意されています。大きく分けると、「行末の約物が半角」「約物が全角」「行末の約物が全角」「行末の句点（。）が全角」の4グループに分かれており、それぞれ段落字下げの設定が組み合わさっています。

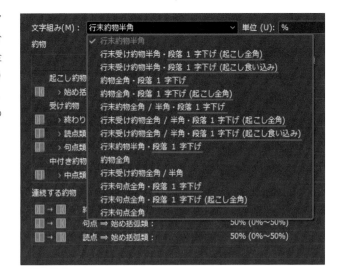

⑤ ［単位］では、アキ量の単位を設定します❶。初期設定の「行末約物半角」を使用した場合の文字組みを見てみましょう。全角を100%とします。

始め括弧類は、行中は50%（調整によっては0%〜50%）のアキ量を使って全角で組み、行頭は0%固定によりアキ量を使わず半角で組みます。

読点類・句点類は、行中は50%（調整によっては0%〜50%）のアキ量を使って全角で組み、行末は0%固定によりアキ量を使わず半角で組みます。

段落先頭始め括弧類は、始め括弧は半角で組みます。

これらの設定により、文字が組まれているわけです。続いて、設定のカスタマイズを行います。

💡 ［和欧間］では、和文と欧文、英数字の間のアキ量の設定をします、「行末約物半角」の場合、欧文は前後に25%（調整によっては12.5%〜50%）のアキ量を使って全角で組みます。

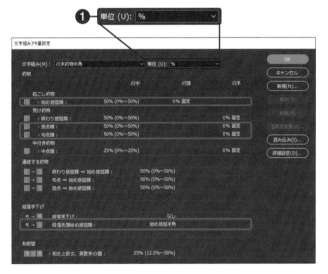

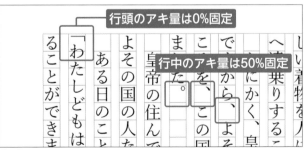

文字組みアキ量設定をカスタマイズする

① ここでは、行頭の始め括弧が全角になるように、アキ量を調整してみましょう。[新規]をクリックします①。

② [新規文字組みセット]ダイアログボックスが表示されます。[元とするセット]で、流用したい既存のセットを選択します（ここでは「行末約物半角」）①。[名前]には、[元とするセット]で選択した「（セット名）のコピー」と表示されるので、ここでは名前の後に「：始め括弧全角」と付け加え②、[OK]をクリックします③。

③ [文字組みアキ量設定]ダイアログボックスに戻ります。[文字組み]には、設定したセット名が表示されます。[段落字下げ]の[段落先頭始め括弧類：]の[始め括弧半角]をクリックし、▼をクリックして①、[始め括弧全角]をクリックします②。

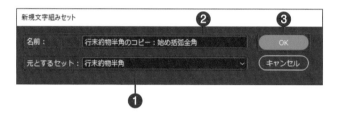

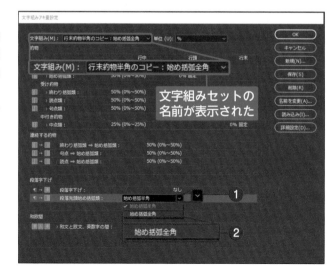

④ 元とするセットから変更した箇所は赤字になります。[保存] をクリックし❶、[OK] をクリックして❷、ダイアログボックスを閉じます。

💡 文字組みセットを削除するには [削除] を、名前を変更するには [名前を変更] をクリックします。初期設定の14種類のセットは削除できません。また、作成したセットは、現在のドキュメントに保存されます。ほかのドキュメントに保存されたセットを読み込むには、[読み込み] をクリックします。

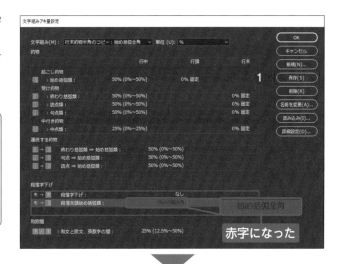

⑤ [縦組み文字] ツールで文字組みを適用したいテキストをすべて選択し❶（73ページ参照）、[段落形式] コントロールパネルの [文字組み] で [行末約物半角のコピー：始め括弧全角] を設定します❷。

💡 全ページのテキストフレームは連結されているので、すべて選択して文字組みを適用できます。

💡 [段落] パネルの [文字組み] でも設定できます。

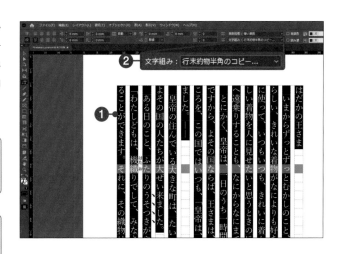

⑥ 行頭の始め括弧が全角で組まれました。

💡 どのように文字組みアキ量を設定をするかは、実務におけるハウスルールなどにより異なります。特別なルールがなければ、初期設定の [行末約物半角] を適用しておきましょう。

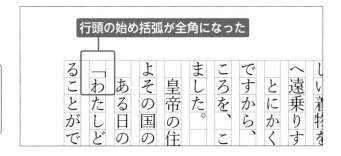

禁則処理を設定しよう

禁則処理とは、行頭や行末にきてはいけない約物などを禁止する処理です。
[禁則処理]で禁則の種類を設定します。

禁則処理設定を確認する

① 禁則処理の設定を確認したいテキストを
すべて選択し❶（73ページ参照）、[段落
形式]コントロールパネルの[禁則処理]
を確認すると❷、初期設定では[強い禁
則]になっていることがわかります。

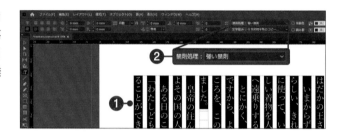

② ■ をクリックし❶、[禁則処理をしな
い]をクリックします❷。[Esc]を押して
テキストの選択を解除すると、行頭に句
点（。）がきており、適切な禁則処理がさ
れていないことがわかります。

💡 句点（。）や始め括弧など、行頭にきてはい
けない文字を行頭禁則文字といいます。

行頭に句点がきた

③ どのように禁則処理されているかを確認
してみましょう。メニューバーの[書式]
をクリックして❶、[禁則処理セット]
をクリックします❷。

💡 [段落形式]コントロールパネルや[段落]
パネルの[設定]からも同様の操作ができます。

④ [禁則処理セット] ダイアログボックスが表示されます。設定は大きく分けて、[行頭禁則文字] [行末禁則文字] [ぶら下がり文字] [分離禁止文字] の4つに分かれており、禁止されている約物やぶら下がりの対象となる約物を確認できます。[禁則処理セット] の ∨ をクリックし❶、表示されるリストから [弱い禁則] をクリックします。

⑤ [弱い禁則] にすると、行頭や行末の禁則文字の数が減り、禁則のルールが弱いことがわかります。ここでは確認だけ行い、[キャンセル] をクリックしてダイアログボックスを閉じます❶。

💡 [追加文字] に任意の文字を入力して [追加] をクリックすると、新規セットを作成できます。

⑥ テキストをすべて選択し❶ (73ページ参照)、[段落形式] コントロールパネルの [禁則処理] で [強い禁則] に戻します❷。

💡 どのように禁則処理するかは、実務におけるハウスルールなどにより異なります。特別なルールがなければ、初期設定の [強い禁則] を適用しておきましょう。

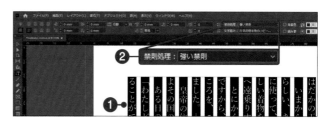

目次用の段落スタイルを作成しよう

目次を作成する際、段落スタイルを適用した箇所を目次項目として書き出せます。
ここでは、作品名を目次で使用する段落スタイルとして登録しましょう。

作品名を段落スタイルとして登録する

1 ここでは、目次作成時に使用する段落スタイルを作成します。作成する段落スタイル［作品名］を適用した箇所が、目次の項目として書き出されます（265ページ参照）。

💡 「はだかの王さま」以外の2作品は、作成済みのサンプルファイルを用意しています。

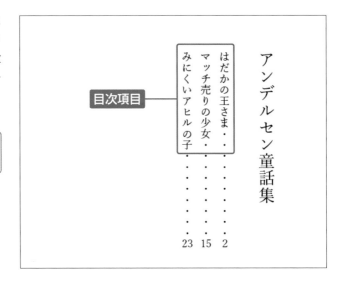

2 ［縦組み文字］ツールで作品名をドラッグして選択し❶、コントロールパネルでテキストの設定をします❷。

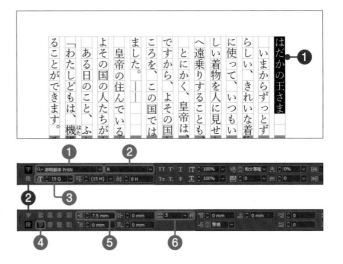

❶フォント	游明朝体Pr6N
❷フォントスタイル	R
❸フォントサイズ	15Q
❹行揃え	均等配置（最終行左／上揃え）
❺左／上インデント	7.5mm
❻行取り	5

③ [段落スタイル] パネルを表示します (82 ページ参照)。[Alt] ([option]) を押しながら [新規スタイルを作成] 🔳 をクリックします❶。

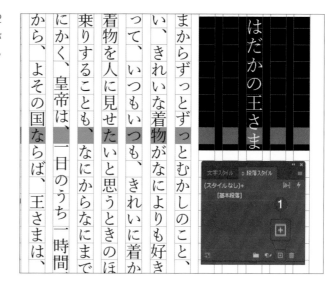

④ [新規段落スタイル] ダイアログボックスが表示されます。[スタイル名] を入力し (ここでは「作品名」) ❶、[選択範囲にスタイルを適用] にチェックを入れ❷、[OK] をクリックします❸。

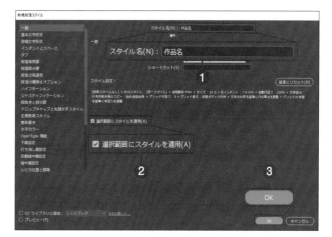

⑤ 段落スタイル [作品名] ができました。この段落スタイルは、この後の目次作成時に使用します (262ページ参照)。データを保存して、ファイルを閉じておきましょう。

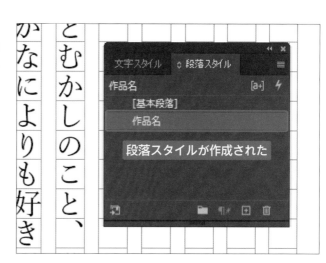

ブックでドキュメントを管理しよう

ブックファイルを使って、複数のドキュメントをまとめることができます。
ノンブルを通し番号にしたり、スタイルやスウォッチの統一ができます。

ブックファイルを作成する

① 事前に、ブックファイルに取りまとめる複数のドキュメントを同じフォルダー内に用意しておきます。

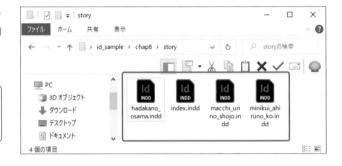

💡 「はだかの王さま」以外の2作品と目次用のドキュメント（index.indd）の3つは「story」フォルダに用意しています。

② メニューバーの[ファイル]をクリックし**①**、[新規]→[ブック]をクリックします**②**。

💡 追加するドキュメントを開いておく必要はありません。

③ [新規ブック]ダイアログボックスが表示されます。[ファイル名]にファイル名を入力し（ここでは「andersen」）**①**、ドキュメントの保存先を指定して（ここでは「chap8」フォルダー内にある「story」フォルダー）**②**、[保存]をクリックします**③**。

💡 ブックファイルの拡張子は、「.indb」(InDesign Book)になります。

保存場所にブックファイルが作成されるとともに、[ブック]パネルが表示されます。新規ブック作成直後は、ブックは空の状態で、ドキュメントは格納されていません。

ブックにドキュメントを追加する

 [ブック]パネルの[ドキュメントを追加] ➕ をクリックします❶。

② [ドキュメントを追加] ダイアログボックスが表示されます。追加したいファイルを選択し（ここではすべて選択）❶、[開く]をクリックします❷。

💡 [Shift]を押しながらクリックすると、隣接している複数のファイルを選択でき、[Ctrl]（[command]）を押しながらクリックすると、離れている複数のファイルを選択できます。

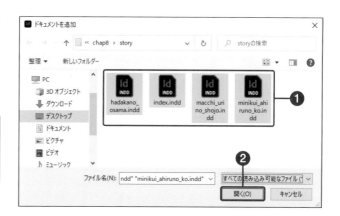

③ [ブック]パネルにドキュメントが追加されました。上からノンブルの通し番号が付いていることがわかります。

💡 ドキュメントを削除するには、ドキュメントをクリックして選択し[ドキュメントを削除] ➖ をクリックします。

ドキュメントの順序を変更する

① 順序を変更したいドキュメント（ここでは「index」）を、目的の位置にドラッグ＆ドロップします❶。

② ドキュメントの順序が変わり、それに合わせてノンブルの通し番号も更新されます。図の順序で並べてください。

ドキュメントを開く

① 開きたいドキュメント（ここでは「hadakano_osama」）をダブルクリックします❶。

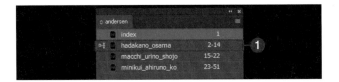

② ドキュメントが開きました。ブックにより付けられたノンブル番号になっていることがわかります。また、開いたドキュメントのノンブル番号右横に が表示されます。

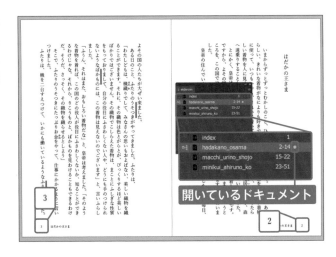

ブックを保存して閉じる

① ブックを保存するには、[ブックを保存] ![保存アイコン]をクリックします①。ブックを閉じるには、通常のパネルを閉じる方法と同様で、![閉じるアイコン]をクリックします②。

 ## スタイルとスウォッチを統一する

使用されているスタイルとスウォッチは、指定したドキュメントに統一できます。基準にしたいドキュメント名の左横をクリックして[スタイルソースを表示] ![アイコン]にし、スタイルソースとして指定します①。パネルの何もない箇所をクリックしてドキュメントの選択を解除し②、[スタイルとスウォッチをスタイルソースと一致] ![アイコン]をクリックします③。この操作は取り消しできないため、一致させたいスタイルソースのスタイルとスウォッチが正しいかを事前に確認してください。なお、特定のドキュメントのみスタイルソースと一致させたい場合は、事前にドキュメントを選択しておきます。

 ## ブックパネルメニュー

ブックパネルメニューから、ブックに関するさまざまな操作が行えます。以下は主な操作です。
[ブックをプリフライト]…ブックのドキュメントにエラーがないか確認します（274ページ参照）。
[ブック（選択したドキュメント）をプリント用にパッケージ]…ブックのドキュメントの入稿用データを自動で収集します（278ページ参照）。
[ブック（選択したドキュメント）をPDFに書き出し]…ブックのドキュメントをPDFに書き出します（280ページ参照）。
[ブック（選択したドキュメント）をプリント]…ブックのドキュメントを印刷します（64ページ参照）。

目次を作成しよう

事前に作成した段落スタイルをもとに、目次を作成できます。
目次はドキュメントの修正に応じて更新されます。

目次の項目を書き出す

(1) 目次を書き出すドキュメント（ここでは
「index」）をダブルクリックして開きます
❶。また、［段落スタイル］パネルを表
示しておきます。現時点では、段落スタ
イルはありません。

💡 ここでは目次用のドキュメントを別に用意
していますが、ドキュメントを分けなくても、
任意の箇所に目次を作成できます。

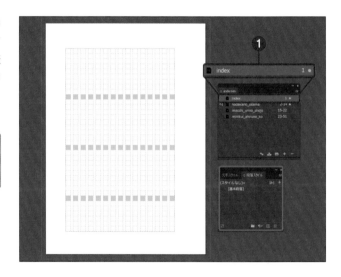

(2) メニューバーの［レイアウト］をクリッ
クして❶、［目次］をクリックします❷。

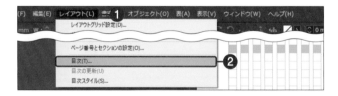

(3) ［目次］ダイアログボックスが表示され
ます。［タイトル］に目次冒頭にくるタ
イトルを入力し（ここでは「アンデルセ
ン童話集」）❶、［スタイル］の▼をク
リックし❷、適用する段落スタイルを
クリックします（ここでは、自動で作成
される「目次タイトル」）❸。

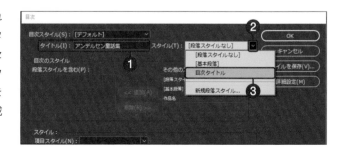

④ [オプション]の[ブックのドキュメント を含む]にチェックを入れ❶、[その他 のスタイル]の[作品名]をクリックし ❷、[追加]をクリックします❸。

💡 [ブックのドキュメントを含む]にチェック を入れないと、ブックのドキュメントが対象に ならないため、[その他のスタイル]に[作品名] が表示されません。

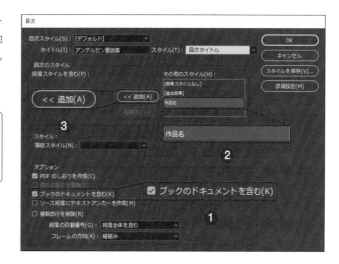

⑤ [段落スタイルを含む]に[作品名]が追 加されました。[項目スタイル]の■を クリックし❶、適用する段落スタイル をクリックします（ここでは、自動で作 成される「目次のテキスト」）❷。

💡 [削除]をクリックすると、追加した段落ス タイルを[その他のスタイル]に戻すことができ ます。

⑥ [フレームの方向]でテキストを流し込 む方向を指定し（ここでは、「縦組み」） ❶、[OK]をクリックします❷。

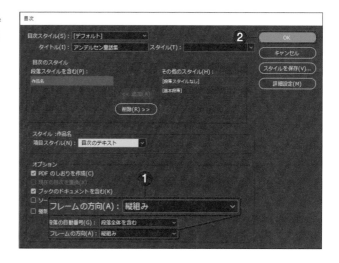

テキストを流し込むモードになるので、グリッドの右角付近をクリックして❶、テキストフレームを作成し、テキストを流し込みます。

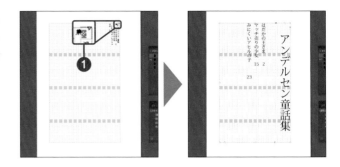

目次を整える

 [選択] ツールでテキストフレームを選択し❶、コントロールパネルの [基準点] 🔲 の上中央をクリックして❷、[H] を「58.5mm」（フレームの高さの半分）と入力します❸。何もない箇所をクリックして、テキストフレームの選択を解除します。

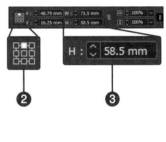

② [段落スタイル] パネルに自動でできた「目次タイトル」をダブルクリックし❶、以下の❶～❻の設定を変更し、[OK] をクリックします❷。

📖 基本文字形式

❶フォント	游明朝体 Pr6N
❷スタイル	R
❸サイズ	20Q
❹行送り	自動（35H）

📖 インデントとスペース

❺揃え	左 / 上揃え
❻段落後のアキ	5mm

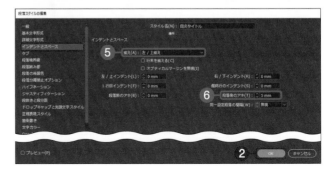

[段落スタイル] パネルに自動でできた「目次のテキスト」をダブルクリックし❶、以下の❶～❽のように設定を変更し、[OK] をクリックします❷。

基本文字形式

❶フォント	游明朝体 Pr6N
❷スタイル	R
❸サイズ	13Q
❹行送り	自動 (22.75H)

インデントとスペース

❺揃え	左 / 上揃え

タブ（168ページ参照）

❻揃えタブ（矢印）	右 / 下揃えタブ
❼位置	58.5mm
❽リーダー	・（中黒）

💡 [位置] にテキストフレームの高さの値を入力すると、テキストフレームの下に文字が揃います。

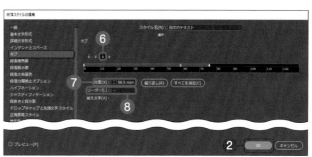

 Ⓦを押してプレビューモードにし（48ページ参照）、フレームグリッドを非表示にします。段落スタイルの変更により、目次が整いました。

💡 自動でできた段落スタイル [目次タイトル] と [目次のテキスト] は、削除したり名前を変更しても、目次を更新すると再度できるので、削除や名前変更はしないようにしましょう。

 ページの増減によりページ番号に変更があった場合、目次のテキストフレームを選択して、メニューバーの [レイアウト] をクリックし❶、[目次の更新] をクリックすると❷、ページ番号が更新されます。

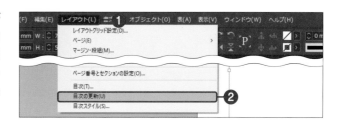

実践編

ドキュメントをEPUB形式に書き出す

EPUBとは、Electronic Publicationの略で、電子書籍のファイル形式です。InDesign で作成したドキュメントを EPUB 形式に書き出して、Amazon Kindleや楽天KoboなどのEPUB リーダーで表示できます。EPUB 形式のドキュメントには、リフロー可能形式と、固定レイアウト形式があります。

■リフロー可能形式

リフロー可能形式は、iPadやスマートフォンなど表示するデバイスに応じて、リーダーがコンテンツを最適化できる方式です。ユーザーがリーダーでフォントやサイズを変更する小説などのテキスト系や、ドキュメントが eInk（電子ペーパー）デバイスのユーザーを対象としている場合に適しています。ただし、すべての文字組版を再現できるわけではなく、サポートされていない機能があるため、注意が必要です。

■固定レイアウト形式

固定レイアウト形式は、画面サイズが異なるデバイスで表示させてもレイアウトが常に維持される方式で、ドキュメントにオーディオやビデオなどを含めることができます。多数のグラフィック、オーディオ、ビデオコンテンツを含む雑誌、子供の本、料理本、漫画本などに適しています。

■EPUB形式に書き出す

メニューバーの［ファイル］→［書き出し］をクリックするか、ブックファイル（258ページ参照）のパネルメニューから［ブックをEPUBに書き出し］をクリックし、［書き出し］ダイアログボックスを表示して、［ファイルの種類］（Macでは［形式］）で［EPUB（リフロー可能）］もしくは［EPUB（固定レイアウト）］を選択すると、XHTML ベースのコンテンツを含む単一の .epubファイルが作成されます。右図は、iPhoneを使って、アドビ社の無償ダウンロードできるAdobe Digital Editionsというリーダーで表示したものです（Chapter8で作成した文芸書は、電子書籍を想定したドキュメントではないため、電子書籍として不完全な部分はあります）。

本書では、EPUB形式のドキュメント作成の詳細は割愛していますが、ご興味がある方は、電子書籍作成の専門書を参考にしてみて下さい。

andersen_sample.epub

Chapter

9

入稿データを
作成しよう

ここでは、入稿データの作成方法について確認しましょう。印刷用
のデータを入稿する際は、カラーモードやフォント、トンボや裁ち
落としなどのルールを考慮してデータを作成します。データを
チェックした後、入稿用データをまとめましょう。

データをチェックして
入稿データをまとめよう

印刷用の入稿データを整える

データが完成したら、入稿データを整えましょう。印刷
所にデータを入稿する際は、トンボ（281ページ参照）
や裁ち落とし（37ページ参照）を付けるなどのルールを
守ったデータを作成しましょう。データが整ったら、パッ
ケージ（278ページ参照）の機能を使って、入稿データ
を収集します。

データに不備がないかチェックする

データをチェックする

InDesignには、ライブプリフライトと呼ばれるエラーを
自動検出する機能があります。エラーを検出したら、該
当箇所を確認して問題を解消し、不備のない入稿データ
に整えましょう。

入稿データをまとめる

データのエラーチェックが済んだら、入稿データをまとめます。InDesignのパッケージの機能を使えば、自動で

リンク画像やフォントを収集してまとめることができます。

入稿用PDFを作成する

印刷出版用で一般的な規格であるPDF/X形式のPDFを作成しましょう。InDesignでは、PDFの書き出しが容易に

できるだけでなく、さまざまな種類のPDFの書き出しに対応しています。

実践編

使用フォントを確認しよう

印刷所などの入稿先が対応しているフォントを把握してデータを作成することは大切です。
[フォントの検索と置換] の機能を使って、使用フォントを確認しましょう。

使用フォントを確認する

① ドキュメントで使用されているフォント
を確認しましょう。メニューバーの [書
式] をクリックし❶、[フォントの検索
と置換] をクリックします❷。

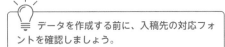

💡 データを作成する前に、入稿先の対応フォ
ントを確認しましょう。

② [フォントの検索と置換] ダイアログボッ
クスが表示されます。ほかのフォントに
置き換える場合は、[フォント情報] の
リストで対象フォントをクリックし❶、
[最初を検索] をクリックして❷、使用
フォントを表示して確認します。

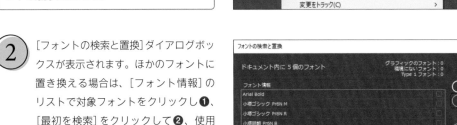

💡 配置画像にテキストを含むAI形式のファイルがある場合、AI形式のファイルのフォント情報は表示されません。文字化
けのトラブルを招くので、あらかじめIllustratorでテキストのアウトラインを作成しておきましょう。Illustratorの使い方は、
姉妹書の「今すぐ使えるかんたん Illustrator やさしい入門」を参考にしてください。

✏️ アウトラインを作成する

InDesignでのアウトラインの作成は、文字組みが変わってしまうため
おすすめしません。通常は入稿先の対応フォントを使い、作業環境を
統一して進めます。
テキストのアウトラインを作成するには、テキストフレームを選択し、
メニューバーの [書式] をクリックして、[アウトラインを作成] をクリッ
クします。アウトライン作成後はテキストの設定が変更できないため、
必要に応じてもとのテキストをコピーして残しておきましょう。

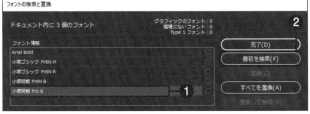

③ 使用されているフォントの箇所が強調表示されました。[次で置換]で置換したいフォントとスタイルを指定し❶、[置換]をクリックします❷。

💡 [すべてを置換した時にスタイルおよびグリッドフォーマットを再定義]にチェックを入れると、置換前のフォントを使用したスタイルやグリッドフォーマットも置換後のフォントになり、再定義されます。

💡 [次を検索]をクリックすると、次の箇所を表示します。先に検索をして確認し、問題がなければ、[すべてを置換]をクリックします。

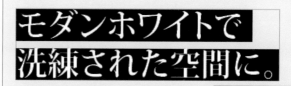

強調表示された

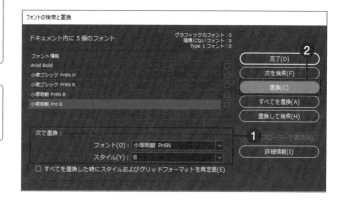

④ フォントが置換されました。再度[最初を検索]が表示されるので、クリックして検索し❶、同様に置換します。

⑤ 検索対象がなくなると、[最初を検索]がグレーアウトして、クリックできなくなります。[完了]をクリックして❶、ダイアログボックスを閉じます。

対象フォントが置換された

各版の状態を確認しよう

[分版プレビュー] パネルを使うと、プロセスカラーや特色の使用状況を確認できます。
入稿データに不要なカラーがないかをチェックしましょう。

分版プレビューパネルで各版の状態を確認する

① メニューバーの [ウィンドウ] をクリックし❶、[出力]→[分版プレビュー] をクリックします❷。

② [分版プレビュー] パネルが表示されます。[表示] で [色分解] を選択すると❶、ドキュメントで使用されているカラーを分版して、表示・非表示を切り替えることができるようになります。

[分版プレビュー]
パネルが表示された

③ 各版の 👁 をクリックして❶、表示／非表示を切り替え、状態を確認しましょう。ここでは、シアン (C) の版のみを表示しました。

💡 分版のチェックが済んだら、[CMYK] を表示して、元の状態に戻しておきましょう。

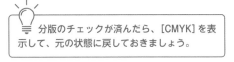

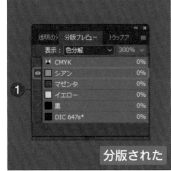

分版された

④ 一般的なカラー印刷では、シアン（C）・マゼンタ（M）・イエロー（Y）・黒（K）の4版を組み合わせたプロセスカラーを使用します。ここでは、不要な特色が含まれていることがわかりました。［スウォッチ］パネルに該当カラーがある場合は、スウォッチを編集すると効率的です。ここでは、特色を削除しましょう。［スウォッチ］パネルを表示し（113ページ参照）、不要な特色をクリックして❶、🗑 をクリックします❷。

不要な特色

⑤ ［スウォッチを削除］ダイアログボックスが表示されます。［スウォッチを削除し次で置換］の［定義されたスウォッチ］で置換するカラーを指定し（ここでは「黒」）❶、［OK］をクリックします❷。

💡 ［スウォッチを削除し次で置換］で［名前なしスウォッチ］をクリックすると、削除するカラーを適用した箇所はそのままで、［スウォッチ］パネルからスウォッチが削除されます。

⑥ ［スウォッチ］パネルと［分版プレビュー］パネルから特色が削除されました。

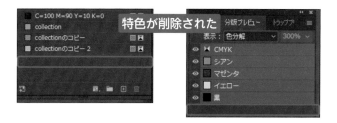

特色が削除された

✏️ 特色をプロセスカラーに変換する

特色（スポットカラー）は、CMYKのプロセスカラーインキとは異なる特別なインキを調合して作られる色を指します。プロセスカラーで作成できない色を用いる場合は、特色を使用します。特色はプロセスカラーに変換して使用することもできます。［スウォッチ］パネルのスウォッチをダブルクリックすると、［スウォッチ設定］ダイアログボックスが表示されます（113ページ参照）。［カラーモード］で［CMYK］を、［カラータイプ］で［プロセス］をクリックすると、特色は近似色でプロセスカラーに変換され、［分版プレビュー］パネルから特色はなくなります。

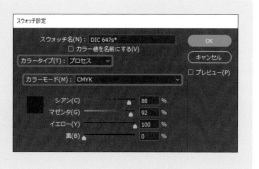

エラーがないかチェックしよう

ライブプリフライトは、ページ数の多いドキュメントを扱うInDesign特有の便利な機能です。
検出したエラーは、[プリフライト]パネルで確認して解消します。

ライブプリフライトでエラーを検出する

① 画面左下には、ライブプリフライトが表示されます。⬤はエラーがないことを表し、◼はエラーがあることを表し、その右にエラー数が表示されます。エラー数をダブルクリックします❶。

💡 メニューバーから[ウィンドウ]をクリックし、[出力]→[プリフライト]をクリックしても、[プリフライト]パネルを表示できます。

② [プリフライト]パネルが表示されました。[エラー]には、エラーの種類が表示されます。▶をクリックすると展開され❶、エラーの詳細が表示されます。ここでは、[テキスト]のエラーがあり、[オーバーセットテキスト(1)]と表示されていることから、オーバーセット(テキストがあふれている)テキストフレームが1つあることがわかります。エラーのページ(オレンジ色の数字)をクリックします❷。

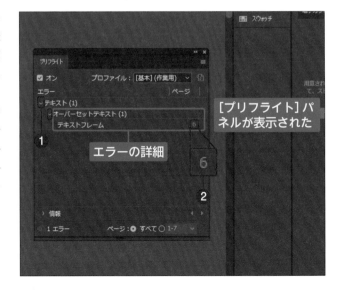

③ エラーの該当ページにジャンプし、エラー箇所が表示されました。アウトポートに赤い+マーク ⊞ が表示されており、オーバーセットテキストであることがわかります。

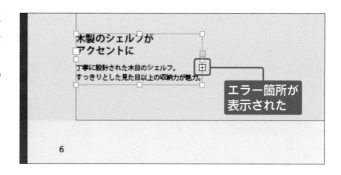

④ [選択] ツールでテキストフレームの下中央のハンドルをダブルクリックすると ❶、テキストフレームがテキストにフィットします (74ページ参照)。

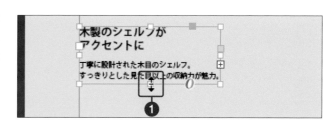

⑤ オーバーセットテキストが解消され、[プリフライトパネル] に表示されていたエラーが消えます。また、ライブプリフライトは ● になることから、エラーは解消されたことがわかります。

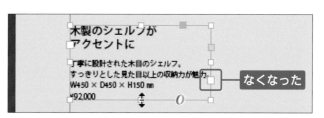

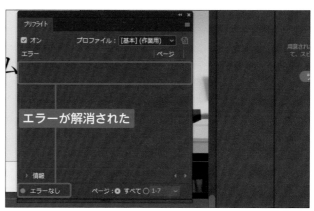

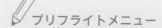 プリフライトメニュー

ライブプリフライト右横の [プリフライトメニュー] ■ をクリックすると、プリフライトに関するメニューが表示されます。[ドキュメントのプリフライト] にチェックが入っていないと、ライブプリフライトが無効になるので注意しましょう。

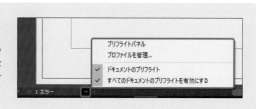

オリジナルのプリフライトプロファイルを作成する

① [プリフライト]パネルのパネルメニューから、[プロファイルを管理]をクリックします❶。

💡 画面左下のプリフライトメニュー✓ をクリックしても、[プロファイルを管理]をクリックできます。

② [プリフライトプロファイル]ダイアログボックスが表示されます。ここでは、RGBカラーモードの配置画像を検出するためのプロファイルを作成します。[新規プリフライトプロファイル] ➕ をクリックします❶。

③ [プロファイル名]でプロファイル名を入力します（ここでは「入稿用」）❶。[カラー]の ▶ をクリックして展開し❷、[使用を許可しないカラースペースおよびカラーモード]にチェックを入れ❸、[RGB]にチェックを入れて❹、[OK]をクリックします❺。

✏️ **プロファイルの読み込み・書き出し**

ほかのプロファイルを読み込んだり、作成したプロファイルを書き出すことができます。書き出したプロファイルは、InDesign プリフライトプロファイル形式（.idpp）になります。

④ [プリフライト]パネルの[プロファイル]で作成したプロファイル「入稿用」を選択します❶。すると、[エラー]に[カラー]のエラーが検出され、エラーとなるファイル名と該当ページが表示されます。エラーのページ(オレンジ色の数字)をクリックすると❷、該当ページにジャンプし、エラー箇所が表示されます。

⑤ [リンク]パネルの[元データを編集] 🖊 をクリックして元データにアクセスし❶、元データを作成したソフト(ここではPhotoshop)で編集し(ここではCMYKに変換)、ファイルを保存して閉じます。

💡 Photoshopの使い方については、姉妹書の「今すぐ使えるかんたん Photoshop やさしい入門」を参考にしてください。

⑥ InDesignに戻ると、エラーは解消していることがわかります。

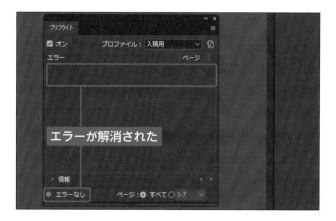

ファイルを収集しよう

データが完成したら、印刷所に渡す入稿用データを準備しましょう。
パッケージの機能を使うと、必要なファイルを自動で収集します。

パッケージでファイルを収集する

(1) メニューバーの[ファイル]をクリックし
❶、[パッケージ]をクリックします❷。

💡 収集前に、ファイルを保存しましょう。保
存しないと、保存を促すダイアログボックスが
表示されます。

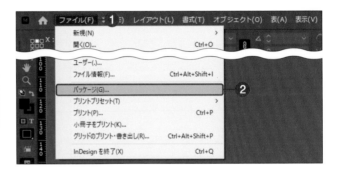

(2) [パッケージ]ダイアログボックスが表
示されます。エラーがないことを確認し、
[パッケージ]をクリックします❶。

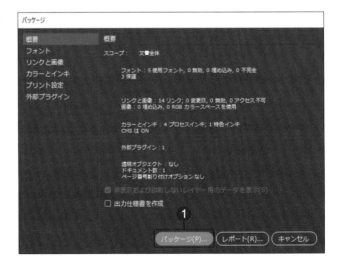

③ パッケージデータの収集先を指定し❶、
❶〜❺の設定にチェックを入れます。
[フォルダー名]を入力して（ここではそ
のまま）❷、[パッケージ]をクリックし
ます❸。

💡 [PDFプリセットを選択]では、事前にPDF
を書き出した際に使用したプリセットが使用さ
れます（62ページ参照）。パッケージする前に
確認しておくとよいでしょう。

💡 [フォルダー名]は、初期設定で作業中の
INDD形式のファイルの名前の後に、「フォル
ダー」が付いた状態で表示されます。

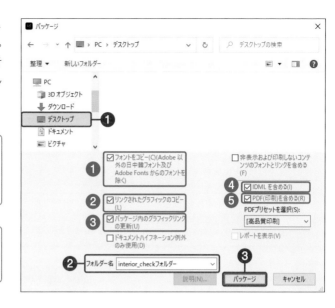

④ フォントのコピーに関する警告が表示さ
れるので、[OK]をクリックします❶。

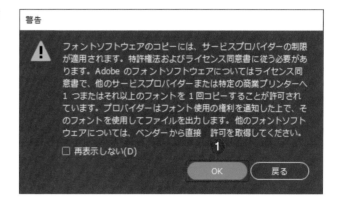

⑤ 保存場所に収集されたフォルダを確認し
ます。元データとは別に、入稿用データ
として必要なファイル（❶〜❺）が自動
で収集されました。

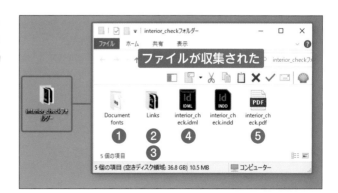

入稿用PDFを作成しよう

アウトラインの作成やリンク画像の収集が不要で、ファイルサイズが小さい
PDF入稿が増えています。ここでは、入稿用PDF（PDF/X-4）を作成しましょう。

ファイルの書き出しでPDFを作成する

① メニューバーの［ファイル］をクリックして❶、［書き出し］をクリックします❷。

［ファイル］→［書き出し］
Ctrl（command）＋E

② ［書き出し］ダイアログボックスが表示されます。ファイル名を付けている場合（51ページ参照）は、ファイル名が入力されています。ドキュメントの保存先を指定し❶、［ファイルの種類］（Macでは［形式］）（60ページ参照）で［Adobe PDF（プリント）］を選択します❷。設定を確認後、［保存］をクリックします❸。

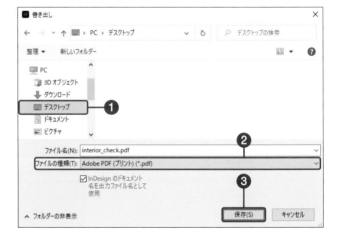

③ [Adobe PDFを書き出し]ダイアログボックスが表示されます。[Adobe PDFプリセット]で[PDF/X-4:2008（日本）]を選択します❶。[ページ]で書き出し範囲（ここでは「すべて」）を設定し❷、[書き出し形式]で[ページ]をクリックします❸。

💡 [ページ]の[範囲]で、書き出すページを指定できます。たとえば、1ページと4から7ページを書き出したい場合は、「1,4-7」と入力します。

④ [トンボと裁ち落とし]をクリックします❶。[トンボとページ情報]の[すべてのトンボとページ情報を書き出す]にチェックを入れ❷、[裁ち落としと印刷可能領域]の[ドキュメントの裁ち落とし設定を使用]にチェックを入れます❸。[書き出し]をクリックすると❹、指定した保存先にドキュメントが書き出されます。Acrobatなどでファイルを開くと、設定に応じたPDFファイルが書き出されていることがわかります。

💡 トンボとは、印刷時に断裁する位置や、インクの刷り位置を合わせるための目印を指します。トリムマークとも呼ばれます。トンボには、仕上がりサイズの四隅に配置するコーナートンボ（内トンボと外トンボ）、天地・左右の中央に配置するセンタートンボ、折り目を入れる際に配置する折りトンボがあります。

実践編

PDF書き出しプリセットを管理する

① メニューバーの［ファイル］をクリックして❶、［PDF書き出しプリセット］→［プリセットを管理］をクリックします❷。

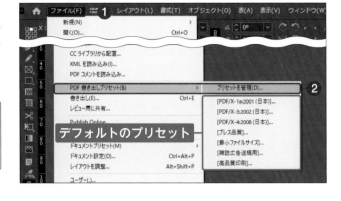

💡 リストからプリセットをクリックすると、［Adobe PDFを書き出し］ダイアログボックスが表示され、指定したプリセットが選択された状態で進めることができます。

② ［PDF書き出しプリセット］ダイアログボックスが表示されます。既存のプリセットをクリックし❶、［新規］をクリックすると❷、既存のプリセットをもとに新規のプリセットを作成できます。［読み込み］をクリックすると❸、印刷所で配布しているプリセットを読み込むことができます。［終了］をクリックすると❹、ダイアログボックスが閉じます。

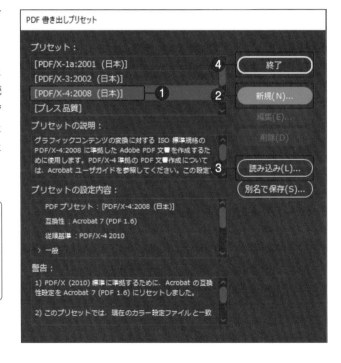

💡 プリセットを配布している印刷所も多いので、利用できるか確認してみましょう。一度プリセットを読み込むと、それ以降は［Adobe PDFを書き出し］ダイアログボックスの［Adobe PDFを書き出しプリセット］に表示されるようになります。

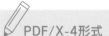 PDF/X-4形式

印刷出版用の一般的なPDFの規格は、PDF/X形式です。中でも、PDF/X-4形式は、透明効果とカラーマネジメントをサポートしており、多くの印刷所で入稿データとして推奨しています。ただし、印刷所によっては、この限りではありませんので、詳細は入稿先に問い合わせるようにしましょう。

実践編

InDesignの
便利な機能を知ろう

ここでは、ショートカットの作成やAdobe Stockなど、InDesignの
便利な機能を紹介します。ぜひ作業に取り入れて活用してみましょ
う。

ショートカットを作成しよう

InDesignの主なコマンドにはショートカットが割り当てられています。
そのほか、よく使うコマンドには、独自のショートカットを割り当てることができます。

ショートカットを作成する

① メニューバーの［編集］をクリックし**❶**、［キーボードショートカット］をクリックします**❷**。

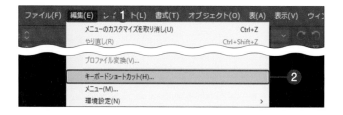

② ［キーボードショートカット］ダイアログボックスが表示されます。［新規セット］をクリックし**❶**、［新規セット］ダイアログボックスを表示します。［名前］にセット名を入力し（ここでは「作業用」）**❷**、［元とするセット］で元となるセットを選択して（ここでは［デフォルト］）**❸**、［OK］をクリックします**❹**。

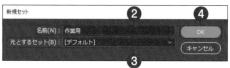

③ ［セット］に作成したセット名が表示されます。［機能エリア］の ✓ をクリックして**❶**、ここでは［編集メニュー］をクリックします**❷**。

④ ［コマンド］に［機能エリア］で選択した
メニューのコマンドが表示されます。ス
クロールバーをスクロールし**❶**、ここ
では［元の位置にペースト］をクリック
します**❷**。［新規ショートカット］をク
リックして割り当てたいショートカット
を実行すると（ここでは「Ctrl（command）
＋Alt（option）＋V」）、使用されたキー
を組み合わせたショートカットが入力さ
れます**❸**。同じショートカットが割り
当てられたコマンドがある場合、［現在
の割り当て］に表示されます。ここでは
［割り当て］をクリックします**❹**。

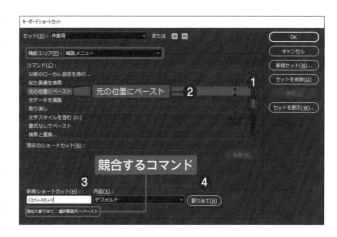

⑤ ［現在のショートカット］に割り当てた
ショートカットが表示されます。［保存］
をクリックし**❶**、［OK］をクリックしま
す**❷**。

> 💡 割り当てたショートカットを削除するに
> は、ショートカットをクリックして［削除］をク
> リックします。

⑥ コマンド（ここでは［元の位置にペース
ト］）を確認すると、ショートカットが
割り当てられたことが確認できます。

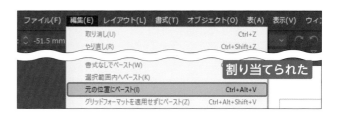

✎ IllustratorやPhotoshopのショートカットを使う

InDesignでは、IllustratorやPhotoshopのショートカットを使用するこ
ともできます。 **AI** をクリックするとIllustrator、 **Ps** をクリックすると
Photoshopのセットが表示されます。［OK］をクリックしてダイアログ
ボックスを閉じると、以降は設定したセットのショートカットが使用
できるようになります。

実践編

Adobe Stockの素材を使ってみよう

Adobe Stockは、Adobeが提供している素材ストックサービスです。
高品質な写真、イラスト、動画などを利用できます。

Adobe Stockで素材を検索する

①
画面右上の検索ボックスの 🔍 をクリックし❶、[Adobe Stock]をクリックします❷。検索対象がAdobe Stockに変更されるので、検索したい素材のキーワードを入力し❸、 Enter （ return ）を押します。

💡 手順①をスキップして、手順②のAdobe Stockのサイトで直接キーワード検索することもできます。

②
Webブラウザが起動し、Adobe Stockのサイトが表示され、検索キーワードに基づいた画像が一覧で表示されます。

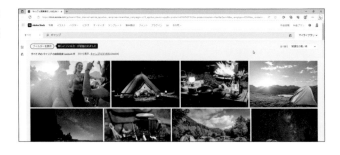

③
ここでは、無料素材を使用してみましょう。検索ボックス左横の ∨ をクリックし❶、[無料素材]をクリックします❷。

💡 有料プランに関しては、Adobe Stockのサイトで確認してください。

④ 無料素材のみが表示されます。目的の画像の ♥ をクリックすると❶、デフォルトのライブラリ（180ページ参照）に保存されます。

💡 ［似た画像を検索］ 📷 をクリックすると、似た画像を検索できます。

💡 ♥ をクリックすると、画面右上に、デフォルトのライブラリに保存されたと表示されます。［管理］をクリックすると、デフォルトライブラリを指定できます。

⑤ InDesignに戻ると、［CCライブラリ］パネルに画像が保存されていることがわかります。ドキュメント上に画像をドラッグ＆ドロップし、配置アイコンになったら、クリックもしくはドラッグして配置します❶。

⑥ ［画像のライセンスを取得］ 🛒 をクリックすると❶、ライセンスを取得でき、画像上に表示されているAdobe Stockの番号はなくなります。

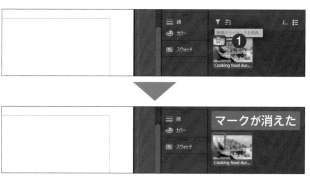

ガイドを使ってみよう

ガイドは画面上に表示される補助線で、オブジェクトを正確な位置にレイアウトする際に活用できます。ここでは、定規ガイドと数値指定によるガイドの作成方法を確認しましょう。

定規ガイド（水平ガイド、垂直ガイド）を作成する

① 水平定規を長押しし、下方向にドラッグすると❶、水平ガイドを作成できます。Ctrl（command）を押しながらドラッグすると❷、見開きをまたいだガイドを作成できます。

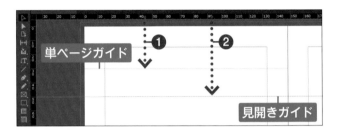

定規ガイドは、定規が表示されていないと作成できません。定規が表示されていない場合は、メニューバーの[表示]をクリックし、[定規を表示]をクリックして、定規を表示します。

② 垂直定規を長押しし、右方向にドラッグすると❶、垂直ガイドを作成できます。また、ガイドが選択された状態で、コントロールパネルの座標（97ページ参照）で位置を指定することもできます❷。

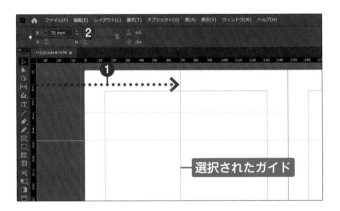

ガイドは作成後、ドラッグして移動したり、クリックして Back space（delete）を押して消去したりできます。

定規ガイドのカラー

メニューバーの[レイアウト]をクリックし、[定規ガイド]をクリックすると表示される、[定規ガイド]ダイアログボックスでは、定規ガイドのカラーを設定できます。初期設定は[シアン]です。

数値指定して縦横にガイドを作成する

① メニューバーの［レイアウト］をクリックし**①**、［ガイドを作成］をクリックします**②**。

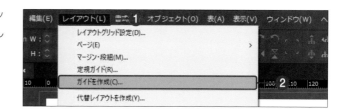

② ［ガイドを作成］ダイアログボックスが表示されます。［行］で行数と間隔、［列］で列数と間隔を指定します**①**、［ガイドの適用］で、ガイドの適用範囲を指定します**②**。［既存の定規ガイドを削除］にチェックを入れると**③**、ここで設定したガイドの作成時に、既存の定規ガイドが削除されます。［OK］をクリックします**④**。

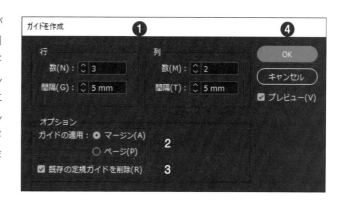

③ 設定した行数・列数でガイドが作成されました。また、既存の定規ガイドは削除されました。

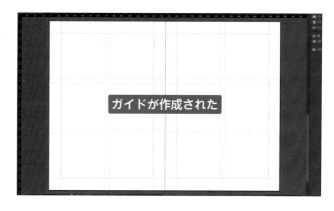

ガイドが作成された

✏ ガイドの操作

メニューバーの［表示］をクリックし、［グリッドとガイド］をクリックすると表示されるリストから、ガイドを隠したりロックしたりなど、ガイドに関する操作ができます。
なお、［段組ガイド］は、［マージン・段組］ダイアログボックスで設定できる段組の機能を使ったガイドです（52ページ参照）。

フォーマットを繰り返し複製しよう

フォーマットとは、型・体裁のことです。同じフォーマットを繰り返し複製する場合、
[繰り返し複製]の機能を使うと、効率よくレイアウトができます。

間隔を指定して繰り返し複製する

1 繰り返し複製したいオブジェクトを選択します❶。メニューバーの[編集]をクリックし❷、[繰り返し複製]をクリックします❸。

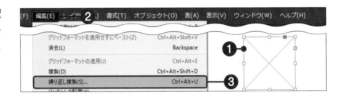

2 [繰り返し複製]ダイアログボックスが表示されます。[オフセット]の[垂直方向][水平方向]に移動値を入力します。ここでは、右に5mm間隔で繰り返すため、[垂直方向]に「0mm」、[水平方向]にオブジェクトの幅の30mmと間隔の5mmを足した「35mm」と入力します❶。

3 [繰り返し]の[カウント]に繰り返したい数を入力し(ここでは「2」)❶、[OK]をクリックします❷。

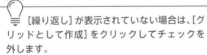

💡 [繰り返し]が表示されていない場合は、[グリッドとして作成]をクリックしてチェックを外します。

4 フォーマットが繰り返し複製されました。

繰り返された

縦横に繰り返して複製する

① 繰り返し複製したいオブジェクトを選択し、❶。メニューバーの[編集]をクリックし❷、[繰り返し複製]をクリックして、[繰り返し複製]ダイアログボックスを表示します❸。

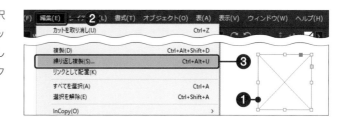

② [グリッドとして作成]をクリックしてチェックを入れ❶、[グリッド]の[行]と[段数]に繰り返したい数を入力します（ここでは各「3」）❷。

③ [オフセット]の[垂直方向][水平方向]に移動値を入力します。ここでは、右と下に5mm間隔で繰り返すため、[垂直方向][水平方向]にオブジェクトの幅・高さの30mmと間隔の5mmを足した「35mm」と入力し❶、[OK]をクリックします❷。

④ フォーマットが繰り返し複製されました。

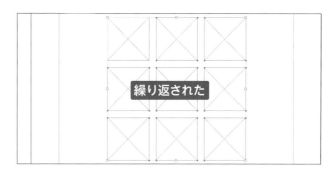

繰り返された

✎ ツールを使用して手動で繰り返す

[長方形]ツール、[長方形フレーム]ツール、[横組み文字]ツール、[縦組み文字]ツールを使用時、ドラッグ中に🔼を押すと行数が増え、🔽を押すと行数が減ります。▶を押すと列数が増え、◀を押すと列数が減ります。マウスカーソルを離すと確定します。

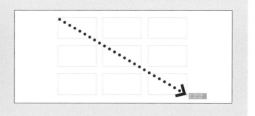

脚注を作成しよう

論文などで必要となる脚注を作成できます。
ドキュメントの最後に後注として入れることもできます。

脚注を作成する

1 テキストフレーム内にカーソルを入れます❶。メニューバーの［書式］をクリックし❷、［脚注を挿入］をクリックします❸。

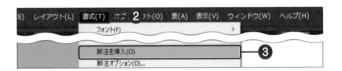

2 ページの末尾に脚注が挿入されます。テキストを入力し❶、Esc を押して完了します。

挿入された

3 既存の脚注の前に、ほかの脚注を入れると、脚注番号は振り直されます。

番号が振り直された

💡 サンプルファイルのようにテキストにURLが含まれる場合、ハイパーリンク（296ページ参照）を設定すると、PDFに書き出した際に簡単にリンク先へアクセスできます。

✏️ 脚注と後注を変換する

メニューバーの［書式］をクリックし、［脚注と後注を変換する］をクリックすると表示される［脚注と後注を変換］ダイアログボックスで、脚注と後注を変換する設定ができます。

後注を作成する

 テキストフレーム内にカーソルを入れます❶。メニューバーの[書式]をクリックし❷、[後注を挿入]をクリックします❸。

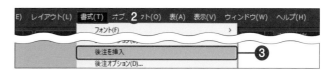

 ドキュメントの最後にページが追加され、後注が作成されます。テキストを入力し❶、[Esc]を押して完了します。
脚注と同様、既存の後注の前に、ほかの後注を入れると、後注番号は振り直されます。

 ## 脚注オプション

メニューバーの[書式]をクリックし、[脚注オプション]をクリックすると表示される[脚注オプション]ダイアログボックスでは、脚注に関する設定ができます。
[番号付けとフォーマット]タブをクリックし、[番号付け]の[スタイル]で脚注番号のスタイルを、[開始番号]で開始番号を設定します。[フォーマット]では、脚注番号に文字スタイル（86ページ参照）を指定したり、脚注に段落スタイル（82ページ参照）を指定したりできます。また、[レイアウト]タブをクリックし、脚注の前境界線の設定ができます。サンプルファイルでは、あらかじめ作成済みの段落スタイル[脚注]を適用しました。

後注オプション

メニューバーの[書式]をクリックし、[後注オプション]をクリックすると表示される[後注オプション]ダイアログボックスでは、後注に関する設定ができます。
[後注ヘッダー]の[後注タイトル]で後注の冒頭につくタイトルを入力したり、[段落スタイル]でタイトルに適用する段落スタイルを設定できます。[後注フォーマット]の[段落スタイル]で後注に適用する段落スタイルを設定できます。
サンプルファイルでは、あらかじめ作成済みの段落スタイル[本文]を適用しました。

InDesignの便利な機能を知ろう

実践編

QRコードを作成しよう

[QRコードを生成] の機能を使うと、
QRコードの画像を手軽に作成できます。

QRコードを作成する

① メニューバーの[オブジェクト]をクリックし❶、[QRコードを生成] をクリックします❷。

② [QRコードを生成] ダイアログボックスが表示されます。[種類] の ∨ をクリックし❶、表示されるリストからQRコードの読み取り先をクリックします（ここでは [Webハイパーリンク]）❷。

③ [URL] にURLを入力し❶、[OK] をクリックします❷。

④ マウスポインターにQRコードのプレビューが表示されます。画面上をクリックします❶。

⑤ QRコードの画像が配置されました。

作成された

⑥ スマートフォンなどでQRコードを読み取ると、リンクしたWebサイトが表示されます。

Webサイトが表示された

実践編

ハイパーリンクを作成しよう

ハイパーリンクの機能を使うと、書き出したPDFファイルから、
同じファイル内の別の場所や別のファイル、Web サイトにジャンプできます。

ハイパーリンクを作成する

① メニューバーの［ウィンドウ］をクリックし❶、［インタラクティブ］をクリックして、［ハイパーリンク］をクリックします❷。

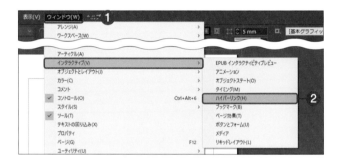

② ［ハイパーリンク］パネルが表示されます。ハイパーリンクを指定したい箇所を選択し（ここではテキスト）❶、［新規ハイパーリンクを作成］📧 をクリックします❷。

③ ［新規ハイパーリンク］ダイアログボックスが表示されます。［リンク先］の 🔽 をクリックし❶、表示されるリストからリンクしたい項目をクリックします（ここでは「URL」）❷。

④ [ハイパーリンク先]の[URL]にURLを入力します❶。選択したテキストには、自動作成される文字スタイル「ハイパーリンク」が適用されます。[OK]をクリックします❷。

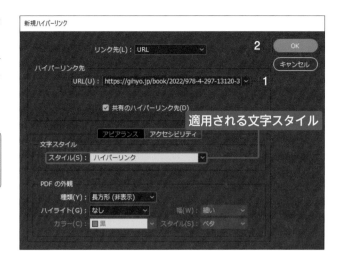

💡 適用された文字スタイルを編集したり、ほかの文字スタイルに変更することもできます（86ページ参照）。

⑤ テキストにリンクが設定されました。

💡 [ハイパーリンク]パネルに作成されたリンク名をダブルクリックすると、[ハイパーリンクを編集]ダイアログボックスが表示されます。

⑥ PDFファイルに書き出す際に（280ページ参照）、[Adobe PDFを書き出し]ダイアログボックスの[読み込み]の[ハイパーリンク]にチェックを入れて❶、[書き出し]をクリックします❷。

⑦ 書き出したPDFを表示し、リンクをクリックすると、リンク先のWebサイトが表示されます。

実践編

ブックマークを作成しよう

ブックマークの機能を使うと、書き出したPDFファイルを開いた際、
[しおり] タブにしおりが作成され、目的のページへかんたんにアクセスできるようになります。

ブックマークを作成する

① メニューバーの [ウィンドウ] をクリックし❶、[インタラクティブ] をクリックして、[ブックマーク] をクリックします❷。

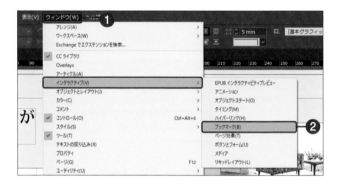

② [ブックマーク] パネルが表示されます。ブックマークしたいテキストを選択し❶、[ブックマークを作成] をクリックします❷。

③ ブックマークが作成されました。手順②で選択した文字列が、ブックマーク名になります。ブックマーク作成直後は編集モードが継続されるため、そのままほかの名前に変更できます。`Enter`（`return`）を押して確定します。

④ 同様に、ほかの箇所にもブックマークの設定をします（ここでは4ページ左上と6ページ下）❶。

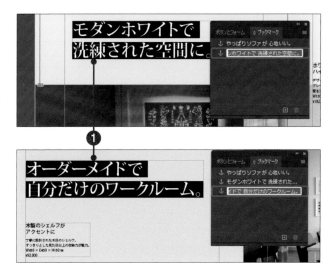

💡 作成したブックマークは、ファイルに保存されます。

⑤ PDFファイルに書き出す際に（280ページ参照）、[Adobe PDFを書き出し] ダイアログボックスの[読み込み]の[しおり]にチェックを入れて❶、[書き出し]をクリックします❷。

6 書き出したPDFを表示し（ここではAcrobatで表示）、画面左側の □ をクリックして［しおり］タブを表示し❶、項目をクリックすると❷、該当ページへジャンプします。

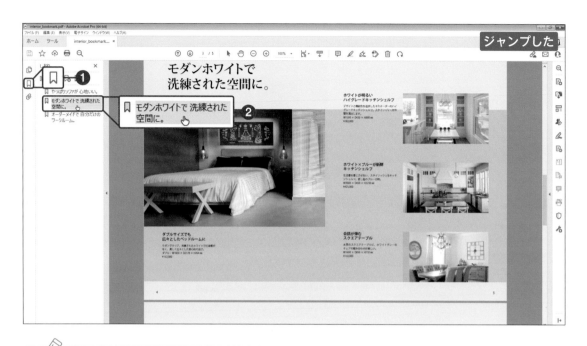

ジャンプした

✎ ブックマークの管理

ブックマーク名は、［ブックマーク］パネルのパネルメニューより、［ブックマーク名の変更］をクリックすると表示される［ブックマーク名の変更］ダイアログボックスで変更できます。また、［ブックマークを削除］をクリックすると、ブックマークを削除できます。ブックマークは、ドラッグして順序を変えたり、いずれかのブックマークの上にドラッグして入れ子にしたりできます。書き出したPDFのしおりの項目は、［ブックマーク］パネルに表示された順序になります。

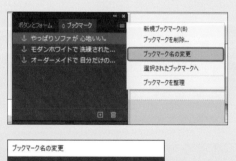

索引

お問い合わせについて

本書に関するご質問については、本書に記載されている内容に関するもののみとさせていただきます。本書の内容と関係のないご質問につきましては、一切お答えできませんので、あらかじめご了承ください。また、電話でのご質問は受け付けておりませんので、必ずFAXか書面にて下記までお送りください。
なお、ご質問の際には、必ず以下の項目を明記していただきますようお願いいたします。

1　お名前
2　返信先の住所またはFAX番号
3　書名 (今すぐ使えるかんたん　InDesign　やさしい入門)
4　本書の該当ページ
5　ご使用のOSとソフトウェアのバージョン
6　ご質問内容

なお、お送りいただいたご質問には、できる限り迅速にお答えできるよう努力いたしておりますが、場合によってはお答えするまでに時間がかかることがあります。また、回答の期日をご指定なさっても、ご希望にお応えできるとは限りません。あらかじめご了承くださいますよう、お願いいたします。

問い合わせ先

〒162-0846
東京都新宿区市谷左内町21-13
株式会社技術評論社　書籍編集部
「今すぐ使えるかんたん　InDesign　やさしい入門」質問係
FAX番号　03-3513-6167

https://book.gihyo.jp/116

■お問い合わせの例

FAX

1　お名前
　　技術　太郎

2　返信先の住所またはFAX番号
　　03-XXXX-XXXX

3　書名
　　今すぐ使えるかんたん
　　InDesign　やさしい入門

4　本書の該当ページ
　　39ページ

5　ご使用のOSとソフトウェアのバージョン
　　Windows 11 Home
　　Adobe InDesign 2023 (18.4)

6　ご質問内容
　　パネルが表示できない

※ご質問の際に記載いただきました個人情報は、回答後速やかに破棄させていただきます。

今すぐ使えるかんたん
InDesign　やさしい入門

2023年9月5日　初版　第1刷発行

著　者●まきのゆみ
発行者●片岡 巌
発行所●株式会社 技術評論社
　　　　東京都新宿区市谷左内町21-13
　　　　電話　03-3513-6150　販売促進部
　　　　　　　03-3513-6160　書籍編集部
装丁●田邉恵里香
イラスト●山内庸資
本文デザイン／DTP●リブロワークス・デザイン室
編集●リブロワークス
担当●田中秀春
製本／印刷●大日本印刷株式会社

定価はカバーに表示してあります。

ISBN978-4-297-13629-1　C3055
Printed in Japan

■著者紹介

まきのゆみ

広島県出身。早稲田大学大学院商学研究科修士課程修了。出版社・広告代理店で企画営業職として勤務後、フリーランスで広告プランナーとして活動しながら、大日本印刷関連会社でDTP業務にも携わる。現在は、Adobe製品を中心としたテクニカルライティング、コース開発、企業研修を行うほか、専門学校や大学等でも講師をしており、「デザイン・ITをわかりやすく便利で身近なものに」をモットーに、次世代に知識と経験を伝えるために精力的に活動中。

●チュートリアルブログ
https://ameblo.jp/mixtyle

●Schoo (スクー)
https://schoo.jp/teacher/969